重金属镉污染土壤植物修复技术研究

乔冬梅　陆红飞　齐学斌　胡　超　著

中国农业科学技术出版社

图书在版编目（CIP）数据

重金属镉污染土壤植物修复技术研究 / 乔冬梅等著. —北京：中国农业科学技术出版社，2020. 12

ISBN 978-7-5116-5092-4

Ⅰ . ①重… Ⅱ . ①乔… Ⅲ . ①土壤污染—镉—重金属污染—植物—生态恢复—研究 Ⅳ . ①X173 ②X53

中国版本图书馆 CIP 数据核字（2020）第 247464 号

责任编辑　李　华　崔改泵
责任校对　马广洋

出 版 者　中国农业科学技术出版社
　　　　　北京市中关村南大街12号　　邮编：100081
电　　话　（010）82109708（编辑室）　（010）82109702（发行部）
　　　　　（010）82109709（读者服务部）
传　　真　（010）82106650
网　　址　http://www.castp.cn
经 销 者　各地新华书店
印 刷 者　北京建宏印刷有限公司
开　　本　710mm×1 000mm　1/16
印　　张　13.25
字　　数　229千字
版　　次　2020年12月第1版　2020年12月第1次印刷
定　　价　78.00元

内容提要

本书介绍了重金属镉污染的土壤修复理论与技术研究的有关成果。全书分8章，第1章概括介绍了我国土壤重金属污染的现状、特点与成因以及污染土壤修复技术的国内外研究成果；第2章介绍了土壤中重金属镉的污染特性；第3章介绍了基于水培试验的镉污染植物修复机理；第4章介绍了水培条件外源有机酸对黑麦草修复镉污染的诱导机制；第5章介绍了基于土培试验的镉污染植物修复机理；第6章介绍了土培条件外源有机酸对黑麦草修复镉污染的诱导机制；第7章介绍了外源有机酸对油菜修复镉污染土壤的诱导机理；第8章介绍了外源有机酸诱导的油葵修复镉污染特征。

本书可供农业、环境、生态、土壤等领域的研究人员及相关专业学生阅读参考。

前　言

　　20世纪以来，工业的迅速发展带来的环境污染日趋严重，其中重金属污染土壤的修复是目前国际上的难点和热点。土壤重金属污染导致土壤肥力下降，作物产量和品质降低，水环境恶化，最终重金属通过食物链进入人体和生物体内，严重威胁人类的生命健康。土壤重金属污染具有隐蔽性、潜伏性和长期性的特点，通过食物链层层传导，动物和人类的健康深受土壤污染的影响，且这一过程十分隐蔽，不易被察觉。土壤重金属污染同时具有累积性的特点，污染物在土壤中不易迁移、扩散和稀释，甚至土壤污染具有不可逆性。

　　在污染土壤的治理和修复技术方面，呈现出路径多元化的特点。目前常用的土壤重金属污染治理方法有淋滤法、客土法、吸附固定法等物理方法以及生物还原法、络合物浸提法等化学方法。物理方法见效缓慢，化学方法虽见效快但易带来二次污染。植物修复技术是一种可靠的、绿色的、环境友好型修复技术，不仅成本低、对环境扰动少、无副作用，而且有较高的美化环境价值，有利于生态环境改善和野生生物的繁衍，目前被世界各国政府、科技界、学术界所关注。土壤中重金属的生物有效性低是制约植物修复技术的瓶颈之一，外源有机物能影响重金属的生物有效性，可诱导植物增强修复效果，外源强化植物修复是土壤重金属污染治理的一项重要技术。

　　本书系统介绍了重金属污染土壤的植物修复技术，系统探索重金属镉的污染特性、吸收累积规律以及在水培和土培条件下吸收富集的差异。分析外源有机酸对土壤中重金属镉的生物有效性和植物吸收富集的影响，探究不同富集植物对重金属镉的吸收富集效果。重金属在土壤中的存在形态限制了植物修复的效率，有机酸强化植物修复具有广阔的应用前景。对于大面积有害的低浓度重金属镉污染土壤，原位生物固定修复技术具有很大的潜力。

本书内容系统，结构完整，将有益于土壤学、环境科学、生态学等研究领域的广大科技工作者及研究生及时了解国内外前沿和相关研究工作，为我国土壤环境科学及土壤污染修复技术的发展提供参考。本书中所进行的研究工作是在国家自然科学基金项目"植物修复重金属污染的水分调控机理"（51879268）、国家自然科学基金项目"基于土壤病原菌与重金属生态效应的再生水分根区交替灌溉调控机制"（51679241）、国家自然科学基金项目"根系分泌物对植物重金属污染土壤作用机理研究"（50809074）、国家"十二五"863计划课题"污灌农田及退化土壤修复关键技术"（2012AA101404），中央级科研院所基本科研业务费专项资助项目（FIRI202001-06）的大力资助下完成的。

本书由乔冬梅、陆红飞、齐学斌、胡超统稿，主要著者分工如下：第1章由乔冬梅、陆建中、黄仲冬撰写；第2章由齐学斌、乔冬梅、梁志杰撰写；第3章由乔冬梅、樊向阳、秦歌撰写；第4章由乔冬梅、李平、赵志娟撰写；第5章由齐学斌、杜臻杰、李中阳撰写；第6章由胡超、王亚丹、陆红飞撰写；第7章由陆红飞、赵宇龙、乔冬梅撰写；第8章由胡超、韩洋、白芳芳、庞颖撰写。由于研究者水平和研究时间有限，本书所呈现的成果仅仅是重金属镉污染的植物修复试验研究结果，未涵盖污染土壤修复的所有土壤类型、污染物种类及修复治理的各种方法等，不足之处在所难免，敬请专家批评指正。

著　者

2020年5月

目　录

1 概述 ……………………………………………………………………… 1

　1.1 我国土壤重金属污染现状 …………………………………………… 1

　1.2 土壤重金属污染特点 ………………………………………………… 2

　1.3 土壤重金属污染植物修复技术研究进展 …………………………… 3

　1.4 主要研究内容与技术路线 ………………………………………… 12

2 土壤中重金属镉的污染特性分析 ………………………………… 15

　2.1 不同pH值对重金属镉吸附、解析的影响 ………………………… 15

　2.2 不同有机酸对重金属镉吸附、解析的影响 ……………………… 33

　2.3 不同pH值对重金属镉存在形态的影响 …………………………… 36

　2.4 不同有机酸对重金属镉形态及生物有效性影响研究 …………… 44

3 基于水培试验的镉污染植物修复机理 …………………………… 49

　3.1 试验材料与方法 …………………………………………………… 49

　3.2 结果与分析 ………………………………………………………… 50

4 水培条件外源有机酸对黑麦草修复镉污染的诱导机制 ……… 58

　4.1 试验材料与方法 …………………………………………………… 58

　4.2 结果与分析 ………………………………………………………… 58

5 基于土培试验的镉污染植物修复机理 …………………………… 64

　5.1 试验材料与方法 …………………………………………………… 64

　5.2 结果与分析 ………………………………………………………… 65

6 土培条件外源有机酸对黑麦草修复镉污染的诱导机制 ……………… 88

　6.1 试验材料与方法 …………………………………………………… 88

　6.2 结果与分析 ………………………………………………………… 89

7 外源有机酸对油菜修复镉污染土壤的诱导机理 ………………… 112

　7.1 材料和方法 ………………………………………………………… 112

　7.2 数据分析 …………………………………………………………… 115

　7.3 不同有机酸诱导下油菜对重金属镉的吸收富集 ……………… 116

　7.4 不同有机酸诱导下土壤中镉的形态分布 ……………………… 124

　7.5 不同有机酸诱导下土壤酶活性分析 …………………………… 132

8 外源有机酸诱导的油葵修复镉污染特征研究 …………………… 140

　8.1 试验设计 …………………………………………………………… 140

　8.2 植株非蛋白巯基含量分析 ……………………………………… 140

　8.3 干物质质量分析 ………………………………………………… 143

　8.4 重金属含量分析 ………………………………………………… 148

　8.5 土壤pH值分析 …………………………………………………… 151

　8.6 土壤EC分析 ……………………………………………………… 154

　8.7 土壤氮磷钾分析 ………………………………………………… 157

　8.8 土壤镉形态分析 ………………………………………………… 159

　8.9 生物有效性分析 ………………………………………………… 172

　8.10 富集系数和转运系数分析 ……………………………………… 175

　8.11 土壤酶活性分析 ………………………………………………… 181

参考文献 ………………………………………………………………… 188

1 概述

1.1 我国土壤重金属污染现状

土壤是人类赖以生存的主要自然资源，是环境四大要素之一，是连接自然环境中有机世界和无机世界、生物界和非生物界的中心环节，也是人类生态环境的重要组成部分。然而，伴随着大规模工业化而产生的日益严重的大气、海洋和陆地水体等环境污染，加之污水灌溉面积日益扩大，使得土壤重金属污染问题成为现阶段最为突出的环境问题之一。土壤作为人类社会生产、生活中不可缺少的物质基础，是各种植物、动物、微生物的主要栖息场所，同时又是各种污染物的最终归宿。据相关报道，世界上90%的污染物最终会滞留在土壤中，进而对社会、自然、生态造成巨大破坏，甚至危及人类自身生存。

土壤重金属污染现已成为中国主要的环境污染问题之一。伴随着工业化的不断快速发展，矿山开采、金属冶炼、化工、电池制造等涉及重金属排放的行业越来越多，重金属的污染物排放量也在逐年增加，加之一些违规违法企业超标排污，使得重金属污染呈现高发的态势。目前我国重金属污染的土壤面积已达上千万公顷。全国土壤重金属总的超标率为16.1%，其中轻微、轻度、中度和重度污染点位比例分别为11.2%、2.3%、1.5%和1.1%。镉、汞、砷、铜、铅、铬、锌、镍8种污染物点位超标率分别为7.0%、1.6%、2.7%、2.1%、1.5%、1.1%、0.9%、4.8%。土壤重金属污染后果严重。一是影响耕地质量，造成直接经济损失。据估算，全国每年因重金属污染的粮食达1 200万t，重金属污染的农业土地面积约2 500万m²，因重金属污染而导致粮食减产超过1 000万t，造成的直接经济损失超过200亿元。二是影响食品安全，威胁人体健康。

重金属在农作物中累积，并通过食物链进入人体，引发各种疾病，最终危害人体健康。2010年2月，国家环保部、国家统计局和农业部联合发布了《第一次全国污染源普查公报》。普查结果显示，2007年度全国废水中铅、汞、镉、铬、砷5种重金属产生量为2.54万t，排放量近900t，大气中上述5种重金属污染物排放量约9 500t。据2012年2月1日《中国青年报》报道，中国1/5耕地受重金属污染，其中镉污染耕地涉及11省25个地区，湖南、江西等长江以南地带问题严重。土壤重金属污染分布面积显著扩大并向东部人口密集区扩散，土壤污染已对人们的生态环境、食品安全、人体健康和农业可持续发展构成严重威胁。如中国某些大中城市农田污灌区的癌症病亡率要比对照区高出10～20倍；在南方某些盛产稻米的地区，稻米中含重金属镉浓度已经超过能诱发"骨痛病"的浓度标准。三是影响农产品出口，降低国际竞争力。由于土壤污染具有累积性、滞后性、不可逆性的特点，治理难度大、成本高、周期长，将长期影响经济社会的发展。目前常用的土壤污染治理方法有淋滤法、客土法、吸附固定法等物理方法以及生物还原法、络合物浸提法等化学方法。物理方法见效缓慢，化学方法虽见效快但易带来二次污染。植物修复技术是一种可靠的、相对安全的环境友好型修复技术，不仅技术成本低、对环境扰动少、无副作用，而且有较高的美化环境价值，有利于生态环境改善和野生生物的繁衍，目前被世界各国政府、科技界、学术界所关注。

1.2 土壤重金属污染特点

1.2.1 隐蔽性、滞后性

土壤污染不像大气、水体污染那样比较明显，可以被人们轻易地发现和察觉。例如，江河湖海的水体污染，工厂排出的滚滚浓烟，固体垃圾任意堆放的污染等，常常通过人的感官就很容易辨识和发觉，但是，土壤重金属的污染却没有那么容易被发觉，往往需要通过对土壤样品的分析化验而得知。土壤中的重金属物质首先输送给地表的粮食、蔬菜、水果等作物，然后再通过食物链输入人体，积累到一定程度才能反映出来。例如，日本的"骨痛病"事件，人们长期饮用受镉污染的河水，并食用此水灌溉的含镉稻米，致使镉在体内蓄积，经过了10～20年才发觉。因土壤重金属污染具有的隐蔽性和滞后性等特点，使得土壤重金属污染的初期一般都不太容易受到重视。

1.2.2　形态多样性

重金属中很大部分是过渡元素，它们的价态存在多样性，且随环境配位体、pH值和Eh的不同，呈现不同的化合态、结合态和价态，有的具有较高的化学活性，能参与多种复杂的反应。重金属随其价态的不同，其呈现的毒性也不同，有的相差巨大，如六价铬的氧化物毒性为三价铬的100倍，二价铜和二价汞的毒性要大于一价铜和一价汞的毒性。在砷的化合物中，三价砷的毒性要高于五价砷的毒性。另外重金属的形态不同，其毒性也有差别，一般有机物毒性要大于无机物的毒性，如二甲基镉、甲基氯化汞的毒性要高于氯化镉、氯化汞的毒性。一般离子态的金属毒性常常大于络合态，而且络合物越稳定，其毒性也就越低，如镉、铅、铜、锌离子态的毒性都远远高于其络合态毒性。

1.2.3　累积性

聚集在土壤中的重金属污染物不像在水体和大气中，会随着大气的扩散和水体的流动而稀释，重金属物质能与土壤有机质或者矿物质相结合，并长久保存在土壤中，很难从土壤中彻底去除，最终使其在土壤环境中的浓度随着时间的推移不断累积，从而达到一个较高的浓度。植物从土壤中除了吸收它所必需的营养物质之外，同时也能被动吸收一些土壤中有害的重金属物质，使有害物质在植物的根、茎、叶、果内积累，再通过食物链的传递作用，最终危害到人类健康。

1.2.4　消除难度大

重金属污染最主要的特点是不能被微生物降解，在自然界的净化过程中，只能从一个地方转移到另一个地方，从一种价态转变为另一种价态，从一种形态转化为另一种形态，所以靠自然本身的净化过程很难被消除，必须人为采取各种行之有效的措施才能实现污染物的彻底治理。从现有的方法和技术来看，治理成本和周期仍然是重金属污染治理技术难点所在。

1.3　土壤重金属污染植物修复技术研究进展

1.3.1　超富集植物

20世纪80年代以来，植物修复技术迅速发展，成为一项很有发展前途的修复技术。1583年意大利植物学家Cesalpino首次发现在意大利托斯卡纳"黑色的岩石"上生长的特殊植物，这是关于超富集植物（Hyperaccumulator）的最早报道。1977年Brooks提出了超积累植物的概念，1983年Chaney等又提出将植物用于土壤重金属修复的设想，随后植物修复技术才逐渐被人们所熟悉和运用。近年来，植物修复（Phytoremediation）作为一种新兴的环境污染治理技术，已成为国际学术界研究的热点。所谓植物修复技术指在不破坏土壤结构的前提下，利用自然生长或经过遗传培育筛选的植物及其共存微生物体系对土壤中的污染物进行固定、吸收、转移、富集、转化和根滤作用，使土壤中的污染物得以消除或将土壤中的污染物浓度降到可接受水平的修复方法。一般定义为对Mn、Zn积累达10 000mg/kg以上，Cd为100mg/kg，Au为1mg/kg，对Cr、Ni、Pb、Cu、Co等的积累量在1 000mg/kg以上的植物为超富集植物。植物修复的重点是超富集植物的筛选，筛选的标准主要满足以下几个特点：生物富集系数大于1、转运系数大于1、生物量大、生长旺盛、具有对高浓度的重金属有较强的忍耐性能力等。

国外对重金属超富集植物筛选工作研究比较早，成果比较丰富。当前国内外发现的超富集植物达700多种，且广泛分布于约50个科，并主要集中在十字花科。研究最多的植物主要为遏蓝菜属（*Thlaspi*）、庭荠属（*Alyssums*）及芸薹属（*Brassica*）、九节木属（*Psychotria*）、蓝云英属，绝大多数为Ni的超富集植物，有的已经用于实践修复。Blaylock等（1997）研究发现，可同时富集重金属Zn、Pd、Cd、Ni的印度芥菜（*Brassica juncea*）植物和可有效吸收Zn、Pd、Cd的薹蓂（*Thlaspi rotundifolium*）植物。Ebbs等（1998）发现燕麦（*Avena sativa*）可以有效地修复受Zn污染的土壤。Antiochia等（2007）发现Zn的超富集植物香根草。

中国开展超富集植物筛选研究比较晚，但也取得了一些重要的进展，且主要集中在对重金属Cd的研究，其次为Cu、Zn超富集植物。陈同斌等（2002）在中国境内发现对重金属As具有超富集能力的蜈蚣草。薛生国等（2003）在中国境内首次发现了对Mn具有超富集作用的植物商陆，填补了中国Mn超富集植物的空白。杨兵等（2005）也验证了香根草对铅锌尾矿的修复作用。杨肖娥等（2002）通过野外调查研究发现了一种新的Zn超富集植物东南景天。Chen等（2002）发现凤尾蕨属的蜈蚣草（*Pteris vittata* L.）是世界上首次发现的As超富集植物，对As具有超强的富集能力，通过刈割可以提高其对砷的去除能力。凤尾蕨属的大叶井口边草（*Pteris cretica* L.）和粉叶蕨（*Pityrogramma calomelanos*）也是砷的超富集植物（韦朝阳，2002）。苎麻可作为目前重金属铅污染修复较理想的植物（黄闰，2013），海州香薷、鸭跖草和蓖麻成为修复土壤铜污染最有研究潜力和应用前景的植物，杂交狼尾草、高丹草、苏丹草可用于对污灌区土壤的修复（赵颖，2013），其中杂交狼尾草［*Pennisetum americanum*（L.）Leeke × *P. purpureum* Schumach］可修复Cd和Zn污染土壤，热研11号黑籽雀稗（*Paspalum atratum* cv. Reyan No. 11）可修复Cd污染土壤（Zhang，2010）。在寻找超富集植物的同时，也加强对其耐性和解毒机理的深入研究（金勇，2012）。另外，对植物体外源诱导技术也进行了大量的研究，EDTA和EDDS是强化植物提取重金属的高效螯合剂，添加EDTA可导致龙葵叶部、茎部和根部Zn浓度分别提高231%、93%和81%；添加EDDS导致龙葵叶部、茎部和根部Zn积累浓度分别提高140%、124%和104%（Marques，2008）。

1.3.2 植物修复方法

植物修复的概念有广义和狭义之分。广义的植物修复包括利用植物修复重金属污染的土壤，利用植物净化空气和水体，利用植物清除放射性元素和利用植物及其根际微生物共存体系净化土壤中的有机污染物。狭义的植物修复主要指利用植物清除污染土壤中的重金属。随着对耐重金属和超积累植物与根际微生物共存体系的研究，根际分泌物在微生物群落的进化选择过程中的作用研究，以及根际物理化学特性的研究，植物修复技术的含义和应用得到延伸。根据污染物的理化特性、环境行为以及作用机理，植物修复技术总体上可分为植物挥发、植物过滤、植物提取和植物钝化等。

1.3.2.1 植物挥发

植物挥发是指植物利用其本身的功能将土壤中的重金属吸收到体内，并将其变为可挥发的形态而释放到大气中，从而达到去除土壤中重金属的一种方法。目前这方面的研究主要集中在比较低的气化点的重金属元素汞和非金属硒、砷，常用的植物有印度芥菜以及湿地上的一些植物。如Banuelos等（1997）发现洋麻可将土壤中的三价硒转化为挥发态的甲基硒而去除；Meagher（2000）研究表明烟草能使毒性较大的Hg^{2+}转化为气态的单质汞。植物挥发是一种行之有效的修复措施，但应用范围比较有限，且重金属元素通过植物转化挥发到大气中，只是改变了重金属存在的介质，当这些元素与雨水结合，而又散落到土壤中，容易造成二次污染，又重新对人类健康和生态系统造成威胁。

1.3.2.2　植物过滤

指利用植物根系的吸收能力和巨大的表面积或利用整个植株在污水中吸收、沉淀、富集重金属等污染物。例如，水科植物浮萍和水葫芦可有效吸收和清除水体中Cd、Cu和As等污染物。

1.3.2.3　植物提取

植物提取又名植物萃取，是指利用对重金属富集能力较强的超富集植物吸收土壤中的重金属污染物，然后将其转移、贮存到植物茎、叶等地上部位，通过收割地上部分并进行集中处理，从而达到去除或降低土壤中重金属污染物的目的。植物提取技术始于美国人利用遏蓝菜属修复长期被污泥污染的含有重金属的土壤。关于植物修复的研究现已经从实验室到实践修复都取得了很大的进展。Baker等（1994）在英国首次利用阿尔卑斯新菭（*Thlaspi caerulesences*）修复了长期施用污泥导致重金属污染的土地，证明了植物修复这一技术的可行性。汤叶涛（2005）经过试验研究，国内首次发现了对Pb、Zn、Cd具有超富集能力的圆锥南芥。Chaney等（1991）曾成功将一片严重受镉污染的土地变成绿意盎然的土地。植物提取有很多优点，如成本低、不易造成二次污染、保持土壤结构不被破坏等特点受到国内外专家学者越来越多的关注与研究。根据美国能源部的标准，符合植物提取的植物有以下几个特性：生长快、生物量大、能同时积累几种重金属、有较高的富集效率、植物的忍耐性强、能在体内积累高浓度污染物。植物提取修复是目前研究最多也是最有发展前途的一种植物修复技术，此方法的关键在于寻找合适的超富集植物和通过人为的方法诱导出超级富集体。

1.3.2.4　植物钝化

利用特殊植物的吸收、螯合、络合、沉淀、分解、氧化还原等多种过程，将土壤中的大量有毒重金属进行钝化或固定，以降低其生物有效性及迁移性，防止其进入食物链和地下水，将其转化为相对环境友好的形态，从而减少其污染物对生物和环境的危害，其主要作用机理是通过改变根际环境的pH值和Eh，使金属在根部积累、沉淀或吸收来加强土壤中重金属的固化。该技术适用于表面积大、土壤质地黏重等相对污染严重的情况，有机质含量越高，对植物固定就越有利。常用的植物有印度芥菜、油菜、杨树、苎麻等，目前已成功在矿区复垦和土壤污染修复中使用。Dushenkov等（1995）研究发现，Pb可与植物分泌的磷酸盐结合形成难溶的磷酸铅固定在植物根部，从而减轻了铅对环境的毒害。Cunningham（1995）在研究植物对土壤中铅的固定时，发现一些植物可以降低铅的生物有效性。植物固定只是一种原位降低重金属污染物生物有效性的途径，并不能彻底去除土壤中的重金属，随着土壤环境条件的变化，被稳定下来的重金属可能重新释放而进入循环体系，重金属的有效性就可能也随之改变，从而重新危害环境，在实际应用中受到一定的限制。

1.3.2.5 根际过滤

根际过滤即通过耐性植物根系特性，改变根际环境使重金属的形态发生改变，然后通过植物根系的吸收、积累和沉淀保持在根部，减少其在土壤中的移动性，根系表面积越大，效果越好。根际过滤适用于修复水体中的重金属污染，如一些水浮莲、浮萍等都具有较强的吸附能力。目前对土壤中重金属的修复比较理想的为向日葵、印度芥菜、弗吉尼亚盐角草等。Hansen等（1998）在旧金山海湾进行一项试验表明，靠近海湾的湿地系统能够很好地吸收炼油厂排出的含硒废水，其中流入的含硒废水浓度为20～30μg/L，而流出的浓度低于5μg/L。植物过滤具有永久性和广泛性，有望以后成为治理土壤重金属污染的重要方法。

1.3.2.6 植物促进

根际促生细菌是指在植物根际土壤环境中，依附在植物根际表面，其能够显著促进植物生长的一类细菌总称。植物促进修复技术（植物辅助生物修复技术）指植物利用根际促生菌通过其分泌的分泌物如糖、酶、氨基酸等物质能够促进生活在根系周围土壤微生物的活性和生化反应，有利于土壤中重金属的释放，从而促进植物对重金属的吸收。目前发现的根际促生菌包括固氮螺菌属（*Azospirillum*）、无色菌属（*Achromobacter*）、沙雷氏菌属（*Serratia*）、芽孢杆菌属（*Baillus*）、肠杆菌属（*Enterobater*）、假单胞杆菌属（*Pseudomonas*）等。植物根际促生菌分泌物不但可以供给植物必要的生长调节因子和营养物质来提高植物的生物生长量，提高重金属在土壤中的有效态含量，还可以促进植物对重金属的吸收和向地上部分的转移，从而提高对土壤中重金属污染的植物修复效率，为完善重金属的植物修复提供可靠技术支持。

1.3.2.7　植物降解

指植物利用根系分泌出的一些特殊化学物质，通过根系的分解、沉淀、螯合、氧化还原等多种过程使土壤中毒性较大的重金属污染物转化为毒性较小或者无毒的物质，能降低自由离子的活度系数，减少其对生物和环境的危害。万敏等（2003）证实了植物可以通过分泌有机酸来复合或螯合土壤中的有效镉，从而降低土壤中镉的有效性。

植物挥发和植物过滤已有应用，基础理论研究相对较为成熟。植物提取和植物钝化在目前污染土壤植物修复的研究中占据很大的份额。植物钝化因土壤中重金属含量不减少，因而还是一个潜在的污染源，而植物提取对彻底解决重金属污染问题应该是最理想的，但提取的效率一直是困扰环境科学界的难题。目前已发现的超富集植物尽管能耐受、富集高浓度重金属，但生物量低。非超富集植物生物量虽大，但富集能力差。尽管植物修复重金属污染土壤难度大，也有成功将一片严重受重金属污染的土地变成绿意盎然的土地的实例，陈同斌等（2002）已在湖南郴州建立了世界上第一个砷污染土壤的植物修复工程示范基地。植物修复技术作为一种新兴的技术，自问世以来以其独特的优势迅速在重金属污染治理方面受到广泛的重视。植物修复技术的成本相当于传统工程修复技术的10%～50%，且通常在原位修复，将污染物就地降解和消除。近30年来，通过基因工程法获取具有高修复能力的基因工程植物，将是未来土壤重金属治理的一个新方向。2003年，美国的研究人员把细菌中抗镉的基因转移至植物体内，结果产生了抵抗能力强并能够累积高浓度镉的植株。可见，随着基因生物技术的快速发展，培育一些对土壤重金属同时存在多种修复功能的植物品种将是未来发展的重点。例如可以培育一种既有植物提取功能又有根际过滤、植物降解功能等集多种修复功能于一体的且能够大面积推广的植物，这样将会大大地提高植物的修复效率。另外，针对重金属污染土壤也可以从边生产边修复的角度进行研究，同时结合诱导、钝化和农艺措施等技术，拓宽土壤污染修复技术的研究领域，为重金属污染修复技术寻求新的途径。

1.3.3　影响植物富集重金属的根际效应

从土壤物理化学角度来看，土壤中重金属各形态是处于不同的能量状态，它们对植物的有效性是不同的。在污染土壤中，由于矿物和有机质成分对重金属的吸附，水溶态重金属所占份额实际并不多。因此，污染土壤植物修复的另一制约因素就是重金属的生物可利用性。Reeves（1983）和Knight（1997）的研究表明，植物根际环境特征与重金属的植物有效性关系密切。目前认为，根际环境中Eh、pH值、根系分泌物和根际微生物是影响根际重金属行为最主要的因素。

1.3.3.1 根际Eh对重金属行为的影响

由于根系和根际微生物呼吸耗氧，根系分泌物中含有还原性物质，因而旱作根际土体Eh一般低于非根际土体，土壤所具有的还原特性为重金属的还原创造了极好的条件，该性质对重金属特别是变价金属的形态转化和毒性具有重要影响。如果根际产生氧化态微环境，当土壤中还原态的离子穿越这一氧化区到达根表时就会转化为氧化态，从而降低其还原能力。因此，根际Eh对重金属行为的影响，主要表现在化学反应方面。随着根际Eh的变化，土壤中氧化还原反映的方向及其速率都会随之变化（James，1996），许多金属离子在土壤中的物理化学性质也会发生相应的变化，从而影响其活性和生物有效性。因此在土壤污染防治中根际Eh的效应不容忽视。

1.3.3.2 根际pH值对重金属行为的影响

在根际环境中，土壤pH值是最重要也是最活跃的影响因子之一。由于根系的作用，根际环境中的pH值明显不同于非根际环境，变化范围一般在1～2个单位（李花粉，2000）。pH值的变化对根际环境的影响是多方面的。首先，重金属在大多情况下是以难溶态存于土壤当中，其溶解度随土壤pH值的变化而变化，植物对重金属的吸收也会随之发生显著变化；其次，植物通过根部分泌物来酸化土壤，降低土壤pH值，可以使与土壤结合的金属离子改变其活性和生物有效性，使重金属进入土壤溶液，影响重金属的生物有效性，进而影响植物对重金属的吸收。

1.3.3.3 根系分泌物对重金属行为的影响

植物在生长过程中，根系不断向根际环境中分泌大量有机物质。据估测，植物根系分泌物的质量占光合作用产物的15%～40%（Keith，1986），这些分泌物中含有碳水化合物、有机酸、氨基酸、糖类物质、蛋白质、核酸以及大量其他物质，这些物质中含有能提高土壤重金属生物有效性的金属螯合分子，通过络合作用影响土壤中重金属的形态及在植物体内的运输（陈英旭，2000）。Cieslinski等（1998）的研究表明，小麦苗期地上部Cd积累与根系分泌的低分子量有机酸的数量有关。Miguel等（2002）的研究得出，Al胁迫刺激根系分泌柠檬酸等有机酸，并认为根系分泌有机酸是其对Al产生抗性的机制之一。Hammer等（2002）认为，超积累植物分泌有机酸的能力比一般植物强，所分泌的有机酸使土壤pH值降低，显著活化了土壤中不溶态重金属，从而促进了植物对重金属的吸收。Salt（1995）认为超富集植物与非超富集植物根系分泌物并无明显差异。目前，关于根系分泌物促进重金属吸收的机理研究还很薄弱。

1.3.3.4 根际微生物对重金属行为的影响

在根际土壤环境中，微生物数量和活性都明显高于非根际环境（王大力，1998），微生物主要通过其代谢产物沉淀，螯合金属离子等方式改变金属离子的存在状态。因根际土壤中存在较高浓度的碳水化合物、氨基酸、维生素和能促进生长的其他物质，使得微生物活动非常旺盛。在根际土壤中细菌数量可达1×10^9个/cm^3，几乎是非根际土的10～100倍。典型的微生物群体中每克根际土约含10^9个细菌，10^7个放线菌，10^6个真菌，10^3个原生动物以及10^3个藻类，这些生物体与根系组成一个特殊的生态系统，对土壤重金属元素的生物有效性产生显著的影响。微生物学家认为菌根和非菌根根际微生物可以通过溶解、固定作用使重金属溶解到土壤溶液，进入植物体，最后参与食物链传递，特别是内生菌根可能会大大促进植株对重金属的吸收能力，加速植物修复土壤的效率。但是，迄今为止，有关菌根在植物根系吸收重金属中的作用还是有很大的出入，有人认为菌根能提高植物对重金属的吸收，也有人认为是相反。针对这一问题的说法不统一，还有待进一步的深入研究。

1.3.3.5 根际矿物质对重金属行为的影响

土壤主要组成部分——矿物质，是重金属吸附的重要载体，不同的矿物质对重金属的吸附有着显著的差异。在重金属污染防治中，也有人利用添加膨润土、合成沸石等硅铝酸盐来钝化土壤中Cd等重金属。王建林等（1990）研究在4种土壤中种植水稻后，根际土吸附Cu量大于非根际，吸附的Cu可分为易解吸态Cu（0.1mol/L KNO$_3$）和难解吸态Cu（0.1mol/L HCl），根际土易解吸态Cu的数量少于非根际，难解吸态Cu的量则相反。其中第四纪红土和赤红壤根际土中Cu吸附增加，主要原因是根际土壤中活性铁、锰增加。

1.3.4 根际重金属形态及迁移转化

一般把重金属在土壤中存在的形态划分为5种，即可交换态、碳酸盐结合态、铁锰氧化物结合态、有机结合态和残渣态。但由于受植物根系的影响，根际附近重金属在形态、迁移和转化方面往往不同于原土体（Ernst，1996）。许多研究也证明种植植物后，根际环境的状况直接影响重金属在土壤—植物系统中的形态、迁移和转化（Youssef，1987）。超富集植物可能就是由于它能改变根际土壤中重金属的分布和存在形态而超量吸收富集重金属（Hammer，2002）。Knight等（1994）在7种被重金属污染的土壤中种植超富集遏蓝菜属植物（*Thlaspi caerulescens*），所吸收的Ca、Mg大多来自土壤溶液，但吸收的Cd只有一半左右来自土壤溶液，而吸收的Zn只有3.2%来自土壤溶液，7种土壤中有5种土壤，植物吸收的Zn小于0.5%。说明超富集植物能够通过某种方式吸收利用土壤中难溶态重金属。Reeves（1983）也认为遏蓝菜属植物具有活化土壤中其他植物不能吸收利用Zn的能力。事实上，导致根际土壤重金属形态变化的因素很多，不仅受根际理化条件和微生物、菌根存在的影响，而且与重金属种类和植物种类有关。根际重金属发生的各种化学过程最终将表现在重金属的形态转化上，通过改变其生物有效性，进而影响植物的吸收。根际重金属的赋存形态与其毒性以及生物有效性密切相关。

1.3.5 植物修复技术展望

植物修复技术利用植物的特殊功能，因具有廉价、有效和环境有好的特点而被称之为"绿色修复"。中国从20世纪90年代末发展到今日已经取得了很大的成就。尽管植物修复尚存些许不足，很多研究工作还在初步试验阶段，但在过去30年里利用超富集植物修复的研究工作取得的成果是显著的，已被证明对于未来的发展具有极大的市场前景，对于绿色生态这一发展趋势是不可阻挡的。当前，探寻该技术的改进方法已成为植物修复领域一个新的研究课题，同时也为植物修复技术带来了新的发展契机。今后应从以下几方面开展工作。

（1）在受重金属严重污染的场地，继续调查研究寻找更多的超富集植物，加强已发现超积累植物的驯化工作。现已发现的超富集植物多为野生品种，把这些品种驯化为栽培种，对于植物修复的大规模实际应用将是必不可少的工作。

（2）深入研究超富集植物的富集机制，能够从机理上加以认识，从而应用分子生物学和基因工程技术，培育出能同时富集多种重金属，能够同时具有多种修复功能的富集量大、生物量大、生长速率快、根系发达的超富集植物。

（3）由于受到土壤复杂环境的制约，单纯依靠植物修复效率比较低下，加强植物修复和其他修复技术联合修复方法的研究，要充分发挥每种修复技术的优势，从而提高修复的综合效率。

1.4　主要研究内容与技术路线

1.4.1　主要研究内容

针对我国土壤重金属污染特征，采用实验室和田间相结合的研究手段，以丰富土壤重金属污染植物修复理论为目标，重点开展重金属的基本特性、修复机理、外源诱导技术等研究，主要研究内容如下。

1.4.1.1　土壤中重金属Cd的污染特性研究

通过研究不同pH值，不同有机酸类型和浓度对土壤中重金属Cd的吸附、解析特性，存在形态，生物有效性的影响，明确了重金属Cd的污染特性，以及对不同条件的响应机制。

1.4.1.2　基于水培试验的重金属Cd污染植物修复机理研究

土壤系统是一个较复杂的微生态系统，变异性较大，影响因素较复杂，土壤结构、微生物繁殖能力、pH值等都能影响植物体内重金属的吸收和转移。为了简化，并且精确、直观地研究控制条件下重金属Cd的修复效果，采用水培试验，研究不同浓度Cd胁迫下黑麦草的修复效果及机理。研究表明，黑麦草有自动调节根际pH值的生物特性，其表征是在不同的Cd浓度条件下分泌有机酸，进而改变根际微环境，吸收转移重金属Cd，本研究丰富了静水体镉污染植物修复机理，为实践修复提供了理论基础。

1.4.1.3　水培条件外源有机酸对黑麦草修复镉污染的诱导机制

在探明水培条件下重金属Cd污染植物修复机理的基础上，研究外源有机酸诱导时黑麦草修复Cd污染的响应特征，为土壤重金属Cd污染植物修复的人为干预提供理论依据。

1.4.1.4 基于土培试验的不同浓度镉污染植物修复机理研究

在水培直观研究的基础上，进一步深入研究土壤重金属Cd污染的植物修复机理，通过分析植株生理生态指标和土壤各项理化指标得出，Cd^{2+}浓度在5～10mg/kg范围内，黑麦草生长时段为40～50d时修复效果最明显。土壤重金属诱导黑麦草分泌草酸和苹果酸，通过根际微生态环境调节根—土系统的各个指标。

1.4.1.5 土培条件下外源有机酸诱导的黑麦草修复镉污染特性

通过外源有机酸诱导研究得出，黑麦草所分泌的有机酸中，草酸有利于黑麦草地上部干物质质量的增加，但不利于对根际非根际重金属Cd的活化。冰乙酸对黑麦草地上部分重金属Cd的富集效果也有一定的促进作用。1～3mmol/kg EDTA和冰乙酸，5～7mmol/kg草酸对黑麦草根系富集Cd的促进作用较明显。

1.4.1.6 外源有机酸诱导的油菜修复镉污染特征

选用富集植物油菜为研究对象，采用盆栽试验，通过向油菜—土壤体系中添加乙酸、草酸、柠檬酸、苹果酸和酒石酸5种有机酸进行诱导处理，探索外源有机酸的加入对油菜富集重金属Cd的能力变化、土壤中重金属Cd各形态分布特征以及土壤酶活性的影响。研究得出，利用有机酸诱导重金属Cd污染土壤的植物修复时，一定要注意有机酸浓度的控制，充分发挥有机酸在植物修复过程中的积极作用，避免引起二次污染。

1.4.1.7 外源有机酸诱导的油葵修复镉污染特征

选用生物量较大的富集植物油葵为研究对象，分别在油葵不同生育阶段加入不同类型、不同浓度有机酸，探索不同时间、不同有机酸类型、不同有机酸浓度对植物修复土壤重金属Cd污染的影响，为提出适宜的重金属污染土壤植物修复技术模式提供理论依据。

1.4.2 研究技术路线

在对国内外重金属污染植物修复技术充分分析和广泛调研的基础上，根据土壤重金属Cd的污染特性和形态特征，采用试验研究与理论分析相结合、盆栽试验与室内试验相结合、试验研究与模拟研究相结合、水培试验和土培试验相结合的研究思路，层层深入，重点开展土壤中重金属Cd的污染特性、水培试验的重金属镉修复机理、水培条件外源有机酸对黑麦草修复镉污染的诱导机制、土培试验的不同浓度镉污染修复机理、土培条件下外源有机酸诱导的黑麦草、油菜和油葵修复镉污染的特征研究，以期为土壤重金属Cd污染的植物修复技术与模式提供理论支撑，技术路线如图1-1所示。

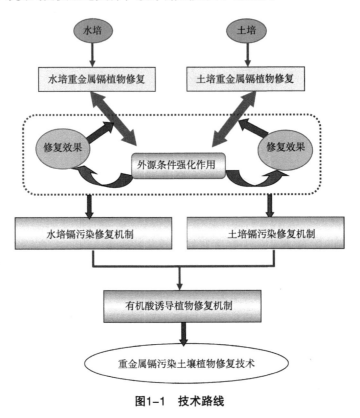

图1-1　技术路线

2 土壤中重金属镉的污染特性分析

2.1 不同pH值对重金属镉吸附、解析的影响

土壤对重金属的吸附和解吸是影响重金属在土壤溶液中的浓度、生物有效性及其向地表和地下水迁移的重要因素，也直接影响重金属在土壤及其生态环境中的形态转化，从而影响农产品的质量及人类的生存环境。土壤对重金属的吸附依赖于土壤类型、土壤溶液的组成和土壤的化学及矿物学特性，如土壤pH值、有机质含量、阳离子交换量、铁和锰氧化物含量等，其中pH值和离子浓度是两个基本因素。pH值不但影响重金属溶解性，也影响其在土壤溶液中的形态分布，同时通过影响土壤其他组分，间接影响其生物有效性。研究不同pH值对重金属Cd的吸附解吸特性的影响以及不同pH值条件下的吸附等温线的模拟，对于探讨重金属Cd的运移转化机理、生物有效性及污染土壤的修复机理具有重要的意义。

2.1.1 吸附试验方法

供试土壤取自中国农业科学院农田灌溉研究所洪门试验场，表层0～20cm沙壤土，容重为1.44g/cm³，田间持水量为24%（质量含水率）。自然风干，磨碎过1mm筛备用。供试土壤基本理化性质见表2-1。

表2-1 供试土壤的基本理化性质

土壤 类型	机械组成（%）			营养元素（g/kg）		
	0.002mm	0.002～0.05mm	0.05mm	全N	全P	速效K
沙壤土	11.53	75.37	13.10	1.14	0.63	0.086

试验采用1次平衡法,共分5组,设3次重复。供试土壤过1mm筛后,准确称取1.000g土样置于50mL的聚乙烯塑料离心管中,以0.01mol/L的硝酸镁(支持电解质)作为溶剂,加入Cd浓度分别为0.1mg/L、0.2mg/L、0.5mg/L、1mg/L、10mg/L、20mg/L、50mg/L、80mg/L、100mg/L的溶液30mL,用HCl和NaOH调节pH值分别为3、5、7、9、11,25℃下震荡2h,室温下静置24h使之充分吸附,10 000r/min的条件下离心5min,抽取上清液,加入一滴浓硝酸摇匀,用原子吸收光谱仪测定Cd^{2+}的浓度。

2.1.2 吸附量的计算

根据所测的土壤溶液中Cd^{2+}的浓度,土壤对重金属离子的吸附量计算公式为式(2-1)。

$$S = \frac{W(C_0 - C_1)}{m} \qquad (2-1)$$

式中:S为土壤的吸附量(mg/kg);W为溶液体积(mL);C_0为土壤溶液中Cd^{2+}的初始浓度(mg/L);C_1为土壤溶液中Cd^{2+}的平衡浓度(mg/L);m为土样重量(g)。

将土壤溶液分为高、低浓度两个系列分别运用火焰和石墨两种方法测定。

2.1.3 吸附结果分析

2.1.3.1 吸附量与初始浓度

为了更清晰地表达吸附量随初始浓度的变化规律,本研究分2个区间表示,即0~1mg/L和1~100mg/L。由图2-1可知,不同pH值条件下土壤对重金属Cd^{2+}的吸附量随初始浓度的增加而增大,随pH值的升高而增大。初始浓度在0~1mg/L范围内,相同初始浓度不同pH值之间的吸附量差距较小,初始浓度在1~100mg/L范围内,不同pH值下的吸附量开始有差别,且随初始浓度的增加,差异逐渐增大。

不同pH值间吸附量关系为:$S_{pH值=3} < S_{pH值=5} < S_{pH值=7} < S_{pH值=9} < S_{pH值=11}$,随pH值的增大,吸附量增加,pH值影响重金属吸附的原因主要有两个,一是pH值可以改变吸附点位的数目,二是pH值可以改变吸附粒子的形态,即阳离子可能发生羟基化,形成Cd^{2+}-OH更易被吸附的粒子。

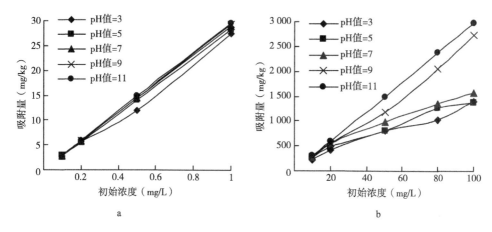

图2-1 不同pH值条件下吸附量与初始浓度的关系

如表2-2所示，不同pH值条件下，吸附量随初始浓度的增加而增长的幅度也有所不同。pH值=3时，初始浓度小于等于1mg/L的范围内，吸附量随初始浓度增加而增长的幅度较大，初始浓度在1～20mg/L，为吸附量随初始浓度变化的中等幅度稳定增长区间，初始浓度在20～100mg/L时，吸附量随初始浓度增加而增长的变化幅度较剧烈。可见随初始浓度的增加，吸附量增长的幅度减小，小于等于1mg/L为大幅度稳定增长区，1～20mg/L为中等稳定增长区，20～100mg/L为小幅度增长敏感变化区。

同样，pH值=5时，随初始浓度的增加，吸附量增长的幅度减小，小于等于1mg/L为大幅度稳定增长区，增长斜率保持在27.4～28.7，1～20mg/L为中等幅度稳定增长区间。20～100mg/L为小幅度增长敏感变化区，增长斜率保持在13.8～16.4。这是由于初始溶液处于较低浓度时（小于等于1mg/L），土壤中存在很多空余的吸附点位，且加入的Cd^{2+}的量比较少，土壤对Cd^{2+}的吸附量增加幅度较大，使得Cd^{2+}被土壤迅速吸附。当初始浓度为1～20mg/L时，随着加入Cd^{2+}的量迅速增加，土壤中的空余吸附点位逐渐被Cd^{2+}占据，吸附量增长幅度变缓，为中等幅度稳定增长区间。当浓度大于20mg/L时，随着加入Cd^{2+}浓度的继续增加，而此时土壤中的大部分吸附点位已被Cd^{2+}占据，趋于饱和，空余吸附点位越来越少，吸附量增加幅度减小，进入小幅度增长敏感变化区。

pH值=7和pH值=9的变化规律与pH值=3和pH值=5的相类似，0～1mg/L为大幅度稳定增长区，1～20mg/L为中等幅度稳定增长区间。20～100mg/L为小幅度增长敏感变化区。所不同的是随pH值的增加，不同初始浓度下吸附量增长斜率也随之增加。对于pH值=11的情况,吸附量随初始浓度增加而稳定增长,即初始浓度越大,吸附量增长的斜率越大。

不同pH值条件下,在初始浓度小于等于1mg/L的范围内,吸附量随初始浓度增加而增长的幅度较一致,增长幅度均较大,在1~20mg/L范围内,吸附量随初始浓度增加而增长的幅度均较平缓,在20~100mg/L范围内,除pH值=11外,其他几个pH值条件下吸附量随初始浓度增加而增长的幅度均较小,但变化幅度较大。整体分析得出,不同初始浓度条件下,随pH值的增加,吸附量的增长斜率增大,即吸附量的增长幅度增大,导致了pH值=3时,土壤对Cd^{2+}吸附量最少,pH值=11时,吸附量最大。这是由于随着pH值的升高,H^+逐渐减少,在土壤溶液中H^+对Cd^{2+}竞争吸附也随之减弱,土壤对Cd^{2+}的非专性吸附能力增强,吸附量增加。对于pH值=11时吸附量增长斜率稳定增加的原因,除以上原因外,可能还由于pH值的升高促使Cd^{2+}发生沉淀作用,即Cd^{2+}逐渐进入土壤中水合氧化物的金属原子配位壳中,与-OH配位基重新配位,并通过共价键或配位键结合在固体表面,使得土壤中Cd^{2+}逐渐转化为氢氧化物沉淀而被吸附。

表2-2 不同pH值条件下吸附量随初始浓度的增长幅度

pH值=3	初始浓度(mg/L)	0.1	0.2	0.5	1	10	20	50	80	100
	吸附量增长斜率	28.2	28.0	23.7	27.5	21.6	21.1	16.4	12.8	14.1
pH值=5	初始浓度(mg/L)	0.1	0.2	0.5	1	10	20	50	80	100
	吸附量增长斜率	28.7	27.4	28.0	28.3	25.9	24.4	16.4	15.8	13.8
pH值=7	初始浓度(mg/L)	0.1	0.2	0.5	1	10	20	50	80	100
	吸附量增长斜率	28.3	28.8	29.1	29.0	28.0	27.3	19.6	16.8	15.7
pH值=9	初始浓度(mg/L)	0.1	0.2	0.5	1	10	20	50	80	100
	吸附量增长斜率	29.0	29.3	29.1	29.3	28.3	27.8	23.5	25.7	27.3
pH值=11	初始浓度(mg/L)	0.1	0.2	0.5	1	10	20	50	80	100
	吸附量增长斜率	29.2	29.5	29.7	29.6	29.7	29.8	29.8	29.8	29.9
	变化规律	递增	递增	递增	递增	递增	递增	递增	递增	递增

2.1.3.2 吸附率与初始浓度

将不同pH值条件下吸附率随初始浓度的变化分2个区间表示。如图2-2所示,不同pH值下吸附率随初始浓度的增加而减小。相同初始浓度下,吸附率随pH值的增大而增加，即$V_{pH值=3} < V_{pH值=5} < V_{pH值=7} < V_{pH值=9} < V_{pH值=11}$，但pH值=11时，吸附率均保持在一个较高的范围内，在97.22~99.52内变化。其原因同以上分析。

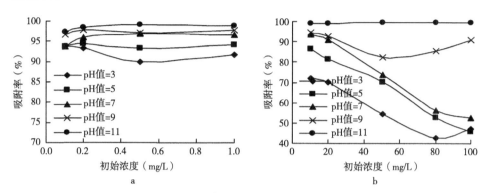

图2-2　不同pH值条件下吸附率与初始浓度的关系

2.1.3.3　平衡浓度与初始浓度

为了更清晰地表达平衡浓度与初始浓度之间的关系，将不同pH值条件下平衡浓度随初始浓度的变化分2个区间表示。如图2-3所示，不同pH值下平衡浓度随初始浓度的增加而增大，随pH值的增大而减小，即$C_{pH值=3} > C_{pH值=5} > C_{pH值=7} > C_{pH值=9} > C_{pH值=11}$，但pH值=11时，平衡浓度随初始浓度的变化较小，这与上面得出的结论一致。

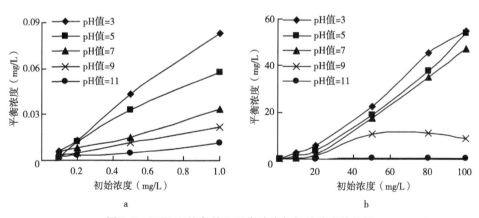

图2-3　不同pH值条件下平衡浓度与初始浓度的关系

2.1.3.4　吸附量与平衡浓度

如图2-4所示，对比不同pH值下吸附量随平衡浓度的变化可以看出，平衡浓度的变化范围随pH值的增加而减小，尤其是pH值=11时，平衡浓度的变化范围为0~0.48mg/L，这主要是由于在pH值较高时，有部分Cd^{2+}发生沉淀，且pH值越高，沉淀越多，因此导致了高pH值时，平衡浓度较小的结果。在较高的pH值条件下，Cd^{2+}逐渐进入土壤中水合氧化物的金属原子配位壳中，与-OH配位基重新配位，并通过共价键或配位键结合在固体表面，使得土壤中Cd^{2+}逐渐转化为氢氧化物沉淀而被吸附。

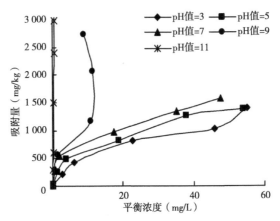

图2-4　不同pH值条件下吸附量与平衡浓度的关系

在相同pH值条件下，吸附量随平衡浓度的增加而增大。相同平衡浓度下，吸附量随pH值的增大而增大，其规律为：$S_{pH值=3}<S_{pH值=5}<S_{pH值=7}<S_{pH值=9}<S_{pH值=11}$。这主要是由于以下几个原因：一是随着pH值的升高，H^+逐渐减少，在土壤溶液中H^+对Cd^{2+}的竞争吸附也随之减弱，土壤对Cd^{2+}的吸附量增加。二是随着pH值的升高，土壤的吸附点位增加。三是随着pH值的升高，改变吸附的粒子的形态，即阳离子可能发生羟基化，形成Cd^{2+}-OH更易被吸附的粒子。四是重金属离子吸附与土壤表面电荷之间存在密切关系，土壤对重金属离子的吸附主要取决于吸附表面的负电荷，而可变电荷表面的静电位随pH值的增加而降低，即随着pH值越来越高，表面电荷越来越负，土壤对重金属离子的吸附越来越大。

2.1.3.5　吸附率与平衡浓度

图2-5a为不同pH值下的对比曲线，图2-5b、图2-5c、图2-5d、图2-5e、图2-5f分别为每个pH值下吸附率随平衡浓度的变化曲线。由图2-5a可知，相同pH值时，土壤对Cd^{2+}的吸附率随平衡浓度的增加而减小。相同平衡浓度时，

土壤对Cd²⁺的吸附率随pH值的增加而增大。但由图2-5b、图2-5c、图2-5d、图2-5e、图2-5f分析可知，平衡浓度对pH值=11条件下的吸附率影响较小，吸附率曲线保持在一个很小的变化范围内。不同pH值下吸附率的具体变化范围为：42.8～93.83（pH值=3）、45.96～94.40（pH值=5）、52.49～96.95（pH值=7）、82.40～97.82（pH值=9）、97.22～99.52（pH值=11）。可见，吸附率的变化范围随pH值的增加而减小。这主要是由于随pH值的增加，Cd²⁺逐渐转化为氢氧化物沉淀，尤其是pH值=11时，氢氧化物沉淀较多，土壤对Cd²⁺的吸附率随平衡浓度的变化发生较小的变化。

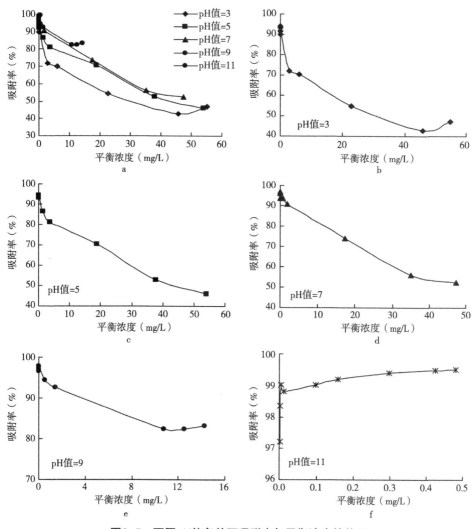

图2-5　不同pH值条件下吸附率与平衡浓度的关系

总之，在低pH值下，H⁺与Cd离子发生强烈的竞争，在中等pH值时，粒子半径影响吸附和离子交换，高pH值则会促使某些离子发生沉淀作用，从专性吸附的机制看，重金属离子的吸附总是伴随H⁺的释放，因而pH值的升高有利于金属离子的吸附。

2.1.3.6　吸附等温线模拟

本研究引入了Henry、Freundilich、Langmuir、Temkin模型以及根据模拟分析引入的新模型。其模拟结果见图2-6、图2-7、图2-8、图2-9、图2-10和表2-3。

（1）Henry模型模拟结果。

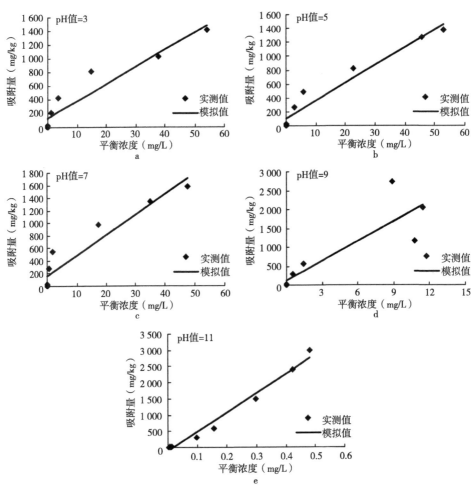

图2-6　不同pH值条件下Henry模型模拟结果

（2）Freundilich模型模拟结果。

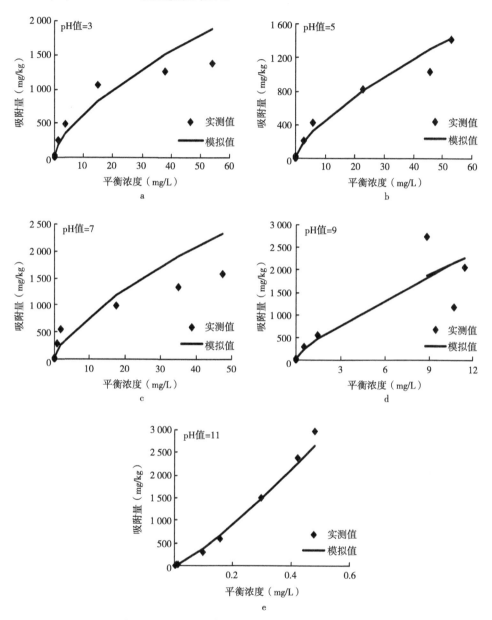

图2-7　不同pH值条件下Freundilich模型模拟结果

（3）Langmuir模型模拟结果。

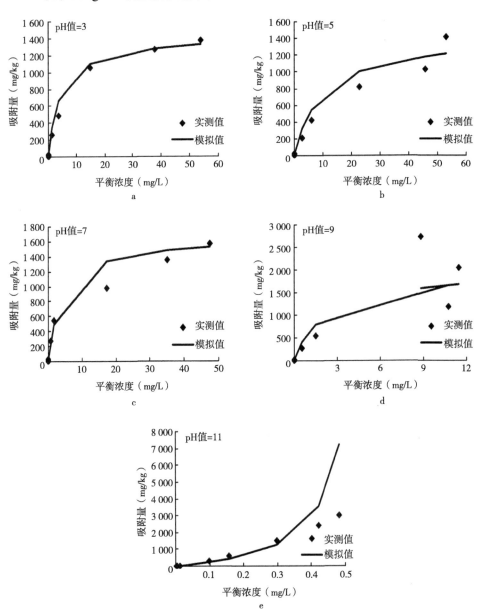

图2-8　不同pH值条件下Langmuir模型模拟结果

（4）Temkin模型模拟结果。

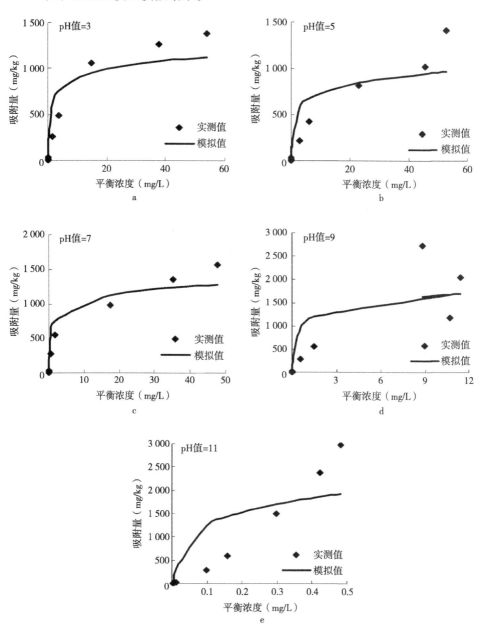

图2-9　不同pH值条件下Temkin模型模拟结果

（5）引入模型模拟结果。

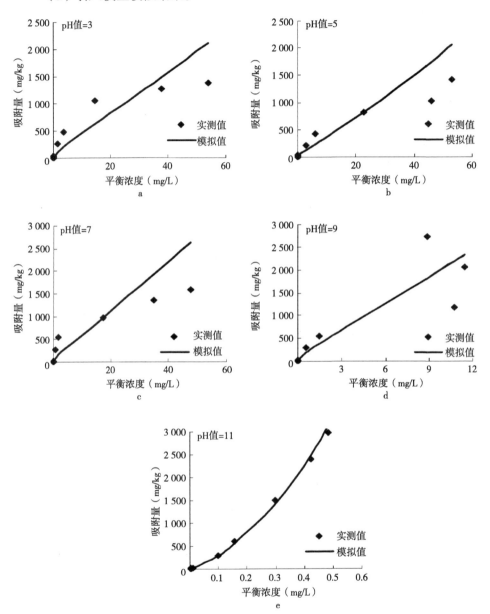

图2-10　不同pH值条件下引入模型模拟结果

表2-3 模型系数的参数估计

pH值	模型	模型决定系数	方程系数		标准误Se	t值	p值	95%置信区间		平均相对误差
3	Henry模型	0.906 4	K	126.395 1	68.779 3	1.837 7	0.108 7	−36.242 2	289.032 3	8.91
			a	25.067 9	3.045 3	8.231 6	0.000 1	17.866 8	32.268 9	
	Freundilich模型	0.987 2	K	212.869 5	31.181 6	6.826 8	0.000 2	139.136 9	286.602 2	0.35
			n	0.463 5	0.040 7	11.400 9	0.000 1	0.367 4	0.559 6	
	Langmuir模型	0.947 9	a	0.003 9	0.001 5	2.698	0.030 7	0.000 5	0.007 4	0.25
			b	0.000 7	0.000 1	11.285 4	0.000 1	0.000 6	0.000 9	
	Temkin模型	0.869	K_1	152.847 2	23.780 9	6.427 3	0.000 4	96.614 4	209.08	15.40
			K_2	20.274 5	13.949 9	1.453 4	0.189 4	−12.711 7	53.260 8	
	优化模型	0.926 1	K_1	4.501	0.290 4	15.496 9	0.000 1	3.814 2	5.187 8	0.55
			K_2	0.133	0.020 5	6.498 9	0.000 3	0.084 6	0.181 5	
5	Henry模型	0.951 2	K	102.410 1	53.972 2	1.897 5	0.099 6	−25.213 8	230.033 9	6.84
			a	25.617 4	2.192 7	11.682 8	0.000 1	20.432 4	30.802 4	
	Freundilich模型	0.996 5	K	159.643 2	15.586	10.242 7	0.000 1	122.788 1	196.498 2	0.21
			n	0.541	0.026 5	20.424 1	0.000 1	0.478 4	0.603 6	
	Langmuir模型	0.940 5	a	0.005 9	0.001 6	3.777 7	0.006 9	0.002 2	0.009 6	0.39
			b	0.000 7	0.000 1	10.521 7	0.000 1	0.000 5	0.000 8	
	Temkin模型	0.809 9	K_1	142.252 5	26.046 8	5.461 4	0.000 9	80.661 6	203.843 5	13.34
			K_2	28.845 5	24.780 5	1.164	0.282 5	−29.751	87.442	
	优化模型	0.943 6	K_1	4.150 2	0.251 5	16.505	0.000 1	3.555 6	4.744 8	0.47
			K_2	0.153 4	0.018 4	8.325	0.000 1	0.109 8	0.197	
7	Henry模型	0.907 4	K	158.453 5	81.019 6	1.955 7	0.091 4	−33.127 3	350.034 3	11.30
			a	32.674	3.944 8	8.282 8	0.000 1	23.346 1	42.002	
	Freundilich模型	0.990 1	K	331.290 4	36.829 5	8.995 3	0.000 1	244.202 6	418.378 3	0.61
			n	0.398 6	0.031 8	12.525 4	0.000 1	0.323 3	0.473 8	
	Langmuir模型	0.970 6	a	0.002 5	0.000 9	2.922 2	0.022 3	0.000 5	0.004 5	0.36
			b	0.000 6	0	15.191 9	0.000 1	0.000 5	0.000 7	
	Temkin模型	0.911 6	K_1	166.189 9	19.562	8.495 5	0.000 1	119.933 1	212.446 7	7.23
			K_2	48.477 9	26.482 6	1.830 6	0.109 9	−14.143 4	111.099 2	
	优化模型	0.868 6	K_1	4.688 1	0.364 6	12.857 6	0.000 1	3.825 9	5.550 3	0.69
			K_2	0.134 3	0.023 9	5.608 8	0.000 8	0.077 7	0.191	

（续表）

pH值	模型	模型决定系数	方程系数		标准误Se	t值	p值	95%置信区间		平均相对误差
9	Henry模型	0.768 8	K	115.707 2	219.680 8	0.526 7	0.614 7	-403.755 3	635.169 8	7.75
			a	175.753 1	36.428 4	4.824 6	0.001 9	89.613 7	261.892 5	
	Freundilich模型	0.807 9	K	549.546 9	325.996 1	1.685 7	0.135 7	-221.311 3	1 320.405	0.29
			n	0.539 3	0.259 4	2.079 5	0.076 1	-0.074	1.152 6	
	Langmuir模型	0.769 2	a	0.000 7	0.000 7	1.125 1	0.297 6	-0.000 8	0.002 3	0.29
			b	0.000 5	0.000 1	4.829 6	0.001 9	0.000 3	0.000 8	
	Temkin模型	0.716	K_1	289.478 8	79.568 3	3.638 1	0.008 3	101.329 7	477.627 8	17.22
			K_2	37.563	44.996 5	0.834 8	0.431 4	-68.836 8	143.962 8	
	优化模型	0.904 2	K_1	5.665 9	0.361 6	15.669 6	0.000 1	4.810 9	6.520 9	0.58
			K_2	0.128 6	0.027 9	4.608 1	0.002 5	0.062 6	0.194 6	
11	Henry模型	0.977 6	K	-100.171	82.443 9	1.215	0.263 7	-295.120 1	94.777 7	6.75
			a	5 925.94	338.937 9	17.483 9	0.000 1	5 124.478 8	6 727.4	
	Freundilich模型	0.999 7	K	8 705.581	181.891 9	47.861 3	0.000 1	8 275.475 3	9 135.687	0.18
			n	1.471	0.023 2	63.278 6	0.000 1	1.416	1.526	
	Langmuir模型	0.055	a	0.000 1	0.000 1	2.115 7	0.072 2	0	0.000 3	0.45
			b	0.000 2	0.000 3	0.638 3	0.543 6	-0.000 5	0.000 8	
	Temkin模型	0.575 7	K_1	-2.385 4	9 156.106	0.000 3	0.999 8	-21 653.133 9	21 648.36	20.05
			K_2	5.47E-09	0.000 1	0.000 1	0.999 9	-0.000 2	0.000 2	
	优化模型	0.800 5	K_1	9.456 6	1.407 4	6.719 4	0.000 3	6.128 7	12.784 5	0.64
			K_2	0.22	0.090 3	2.436 4	0.045	0.006 5	0.433 5	

（6）模型选优。对于Henry模型，除pH值=9外，模型的决定系数R^2均在0.90以上，但模型系数中K的参数估计值的显著水平均大于0.05，参数估计值不显著。模型系数中a的参数估计值的显著水平小于0.01，参数估计值达到极显著，而且不同pH值条件下的平均相对误差均较大。可见Henry不适合模拟不同pH值条件下的Cd^{2+}的吸附等温。

对于Freundilich模型，除pH值=9外，模型的决定系数R^2均在0.90以上，K和n的参数估计值的显著水平均小于0.01，参数估计值达到极显著，且平均相对误差均较小。Freundilich模型较适合于不同pH值条件下的土壤对Cd^{2+}的吸附等温模拟（pH值=9除外）。

对于Langmuir模型，当pH值=3、5、7时，模型的决定系数R^2均在0.90以上，而且模型系数中a的参数估计值的显著水平均小于0.05，参数估计值达显著水平，模型系数中b的参数估计值的显著水平均小于0.01，参数估计值达极显著水平。但pH值=9和pH值=11时，模拟效果较差，模型的决定系数较小，模型系数的参数估计不显著。可见Langmuir模型适合于低pH值条件下的Cd^{2+}的等温吸附模拟。

对于Temkin模型，模型的决定系数R^2为0.57～0.91，模型系数中K_1的参数估计值除pH值=11外，均小于0.01，达极显著水平，但K_2的参数估计值均大于0.05，不显著，而且平均相对误差均较大。该模型不适合本试验条件下不同pH值的Cd^{2+}吸附模拟。

基于以上模型分析引入了新的模型，由模型参数分析可知，本模型的决定系数R^2除pH值=7和pH值=11外，均在0.90以上，且模型系数中K_1的参数估计值的显著水平均小于0.01，参数估计值达到极显著水平，K_1的参数估计值的显著水平除pH值=11为0.045外，均小于0.01，参数估计值达到极显著水平，pH值=11达显著水平。而且平均相对误差也仅次于Freundilich模型。可见该模型较适合不同pH值条件下的土壤对Cd^{2+}的吸附模拟。

综合以上分析可得出，无论从决定系数R^2角度分析，还是从模型系数中的参数估计值的显著水平角度分析，Freundilich模型较适合于pH值=3、5、7、11条件下土壤对Cd^{2+}的等温吸附模拟，而引入的新模型，正好弥补了Freundilich模型在pH值=9条件下的不足。因此可将Freundilich模型与所引入的新模型结合使用于不同pH值条件下的模型模拟分析。

2.1.4　解吸试验方法

在吸附试验结束后立即进行解吸试验。试验材料为吸附试验所剩的残渣土样。

配置pH值分别为3、5、7、9、11的0.01mol/L的硝酸镁（支持电解质），分别对应加入装有吸附试验残土的聚乙烯离心管中，恒温下震荡2h，室温下静置24h使之充分吸附，10 000r/min的条件下离心5min，抽取上清液，加入一滴浓硝酸摇匀，用原子吸收仪测定Cd^{2+}的浓度。

2.1.5　解吸量计算

解吸量是指通过解吸试验后，从单位质量土样上解吸到土壤溶液中的Cd^{2+}的含量。

其计算公式为式（2-2）。

$$S=\frac{WC_1}{m} \tag{2-2}$$

式中：S为土壤对Cd^{2+}的解吸量（mg/kg）；W为溶液体积（mL）；C_1为土壤溶液中Cd^{2+}的平衡浓度（mg/L）；m为土样质量（g）。

将抽出来的溶液分为高、低浓度两个系列，分别运用火焰和石墨两种方法检测。

2.1.6　解吸结果分析

2.1.6.1　吸附量与解吸量（率）

由吸附量与解吸量关系图2-11可知，解吸量随吸附量的增加而增大，随吸附量的减小而减小，限于篇幅本研究给出不同浓度下解吸量随吸附量变化的平均斜率，如表2-4所示，解吸量随吸附量的增加而增加的幅度随pH值的增大而减小，即pH值越小，解吸量随吸附量变化的幅度越大，反之则越小。解吸量随吸附量增加的幅度越大，则专性吸附选择性或亲和力越低。对比相同吸附量不同pH值对解吸量的影响可知，同一吸附量条件下，解吸量随pH值的增大而减小。可见，pH值的升高有利于Cd^{2+}的专性吸附。

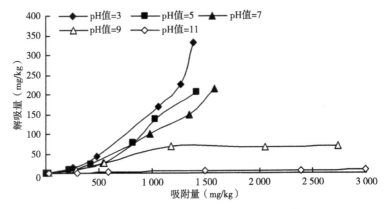

图2-11　不同pH值条件下吸附量与解吸量

表2-4 不同pH值下解吸量随吸附量变化的平均斜率

pH值	3	5	7	9	11
不同浓度平均斜率	0.092	0.068	0.056	0.031	0.004

由图2-12也可以看出，解吸率随pH值升高而降低，即pH值升高有利于 Cd^{2+} 的专性吸附。在不同pH值范围内解析率的大小顺序为：pH值=3>pH值=5>pH值=7>pH值=9>pH值=11。pH值为3、5、7、9、11时，Cd^{2+} 的平均解析率分别为9.18%、5.68%、5.58%、2.91%、0.36%。

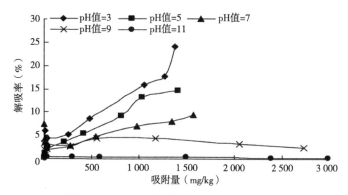

图2-12 不同pH值条件下吸附量与解吸率

2.1.6.2 初始浓度与解吸后平衡浓度

如图2-13所示，解吸后平衡浓度随初始浓度的增加而增大，随初始浓度的减小而减小。对比相同初始浓度不同pH值对解析后平衡浓度的影响可知，同一初始浓度条件下，解吸后平衡浓度随pH值的增大而减小。可见，随着pH值的升高，Cd^{2+} 的专性吸附也增强。

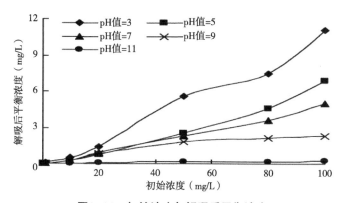

图2-13 初始浓度与解吸后平衡浓度

2.1.7　小结

（1）吸附量随初始浓度的增加而增大，随pH值的升高而增大。初始浓度在0～1mg/L范围内，不同pH值之间的吸附量差距较小，1～100mg/L范围内，不同pH值下的吸附量开始有差别，且随初始浓度的增加，差异逐渐增大。不同pH值间吸附量关系为：$S_{pH值=3}<S_{pH值=5}<S_{pH值=7}<S_{pH值=9}<S_{pH值=11}$。pH值=3、5、7、9时，随初始浓度的增加，吸附量增长的幅度减小，小于等于1mg/L为大幅度稳定增长区，1～20mg/L为中等稳定增长区，20～100mg/L为小幅度增长敏感变化区。所不同的是随pH值的增加，不同初始浓度下吸附量增长斜率也随之增加。对于pH值=11的情况，吸附量随初始浓度增加而稳定增长。

（2）吸附率随初始浓度的增加而减小。相同初始浓度下，吸附率随pH值的增大而增大。平衡浓度随初始浓度的增加而增大，随pH值的增大而减小。

（3）平衡浓度的变化范围随pH值的增加而减小，尤其是pH值=11时，平衡浓度的变化范围为0～0.48mg/L，在相同pH值条件下，吸附量随平衡浓度的增加而增大。相同平衡浓度下，吸附量随pH值的增大而增大。

（4）相同pH值时，土壤对Cd^{2+}的吸附率随平衡浓度的增加而减小。相同平衡浓度时，吸附率随pH值的增加而增大。平衡浓度对pH值=11条件下的吸附率影响较小，吸附率曲线保持在一个很小的变化范围内。吸附率的变化范围随pH值的增加而减小。

（5）吸附量随初始浓度的增加而增大，随pH值的升高而增大。在初始浓度小于1mg/L时，吸附量随pH值变化的幅度较小，当大于1mg/L时，随初始浓度的增加，吸附量随pH值的变化幅度逐渐增加。

（6）Freundilich模型较适合于pH值=3、5、7、11条件下土壤对Cd^{2+}的等温吸附模拟，而引入的新模型，正好弥补了Freundilich模型在pH值=9条件下的不足。可将Freundilich模型与所引入的新模型结合使用于不同pH值条件下的模型模拟分析。

（7）解吸量随吸附量的增加而增加的幅度随pH值的增大而减小。同一吸附量条件下，解吸量随pH值的增大而减小。解吸率随pH值升高而降低，不同pH值范围内解析率的大小顺序为：pH值=3>pH值=5>pH值=7>pH值=9>pH值=11。

（8）解吸后平衡浓度随初始浓度的增加而增大，同一初始浓度下，解吸后平衡浓度随pH值的增大而减小。

2.2 不同有机酸对重金属镉吸附、解吸的影响

2.2.1 试验方法

2.2.1.1 试验器材

高速离心机，恒温振荡器，1mm×1mm尼龙筛，塑料布，木锤，容量瓶，加液枪，pH计，温度计，电导率仪。

2.2.1.2 试验土样及试剂

供试土壤同吸附解吸试验，试验以0.01mol/L硝酸镁溶液（支持电解质）作为溶剂，$CdCl_2$为溶质。吸附试验采用1次平衡法，设3次重复。

2.2.1.3 试验过程

先把供试土壤过1mm筛后，准确称取1.000g土样置于50mL的聚乙烯塑料离心管中，以0.01mol/L的硝酸镁（支持电解质）作为溶剂，配置Cd^{2+}浓度分别为0.1mg/L、0.2mg/L、0.5mg/L、1mg/L、10mg/L、20mg/L、50mg/L、80mg/L、100mg/L的溶液30mL，用HCl和NaOH调节pH值为5，分别加入2mmol/L的EDTA、草酸、酒石酸、冰乙酸、丙二酸、苹果酸、柠檬酸。恒温下震荡2h，室温下静置24h使之充分吸附，5 000r/min的条件下离心5min，抽取上清液，加入一滴浓硝酸摇匀，用原子吸收光谱仪测定Cd^{2+}的浓度。

吸附试验结束后立即进行解吸试验，分别向各含有残土的离心管中加入0.01mol/L的硝酸镁溶液30mL（已用HCl和NaOH调节pH值为5），恒温下震荡2h，室温下静置24h使之充分解吸，5 000r/min的条件下离心5min，抽取上清液，加入一滴浓硝酸摇匀，用原子吸收光谱仪测定Cd^{2+}的浓度。

将土壤溶液分为高、低浓度两个系列，分别运用火焰和石墨两种方法测定。

2.2.2 结果分析

2.2.2.1 有机酸对初始浓度与平衡浓度关系的影响

外加EDTA、草酸、酒石酸、冰乙酸、丙二酸、苹果酸和柠檬酸对土壤重金属Cd^{2+}初始浓度与平衡浓度的关系影响如图2-14所示。从图2-14中可以看出，不同有机酸处理，平衡浓度均随初始浓度的增加而增大，各个初始浓度下，EDTA处理的平衡浓度最大，即平衡浓度随初始浓度增加的幅度最大，其次为柠檬酸、苹果酸、丙二酸、冰乙酸、酒石酸和草酸。可见，EDTA对重金

属Cd^{2+}的活化能力最大，草酸的活化能力最小，具体顺序为EDTA>柠檬酸>苹果酸≥丙二酸>冰乙酸>酒石酸>草酸。初始浓度小于20mg/L范围内，不同有机酸间平衡浓度的差距较小，随初始浓度的增加，不同有机酸处理间的差距增大。

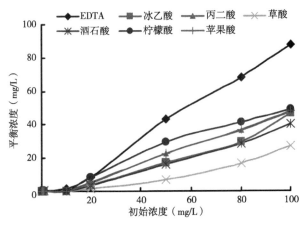

图2-14 平衡浓度与初始浓度间的关系

2.2.2.2 有机酸对初始浓度与吸附量关系的影响

图2-15给出外加EDTA、草酸、酒石酸、冰乙酸、丙二酸、苹果酸和柠檬酸对土壤重金属Cd^{2+}初始浓度与吸附量的关系的影响。如图2-15所示，土壤对重金属Cd^{2+}的吸附量随初始浓度的增加而增大，同一初始浓度，不同有机酸处理土壤吸附量的大小顺序为：草酸>酒石酸>冰乙酸>苹果酸>丙二酸>柠檬酸>EDTA。同样，初始浓度小于20mg/L范围内，不同有机酸间吸附量的差距较小，随初始浓度的增加，不同有机酸处理间的差距增大。

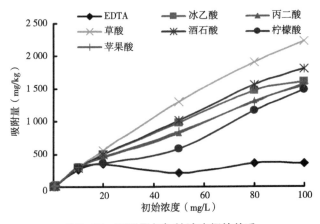

图2-15 吸附量与初始浓度间的关系

2.2.2.3 有机酸对平衡浓度与吸附量关系的影响

不同有机酸作用下平衡浓度与吸附量间的关系如图2-16所示。不同有机酸作用下，吸附量随平衡浓度的增加而增大，同一平衡浓度，不同有机酸处理后吸附量的大小顺序为：草酸>酒石酸>冰乙酸>苹果酸≈丙二酸>柠檬酸>EDTA。

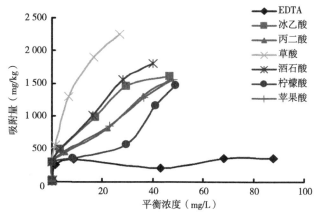

图2-16　平衡浓度与吸附量间的关系

2.2.2.4 有机酸对解吸量和吸附量关系的影响

从图2-17中可以看出，外加不同有机酸土壤重金属Cd^{2+}解吸量均随吸附量的增加而增加，其中EDTA的解吸量最大，明显高于其他有机酸；低浓度时，解吸量相当，随浓度的增加，解吸量增加，且差距逐渐增大；草酸处理的解吸量最小，其他有机酸间差别较小，即EDTA对解吸量的影响最明显，而草酸的影响最小，而冰乙酸、丙二酸、酒石酸、柠檬酸和苹果酸对其的作用相当。可见，有机酸对土壤重金属Cd^{2+}有明显的活化作用，不同有机酸对土壤重金属Cd^{2+}的活化能力不同，其中EDTA的活化能力最强，其次是柠檬酸和苹果酸，草酸的活化能力最弱。

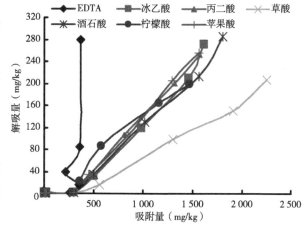

图2-17　吸附量与解吸量间的关系

2.3　不同pH值对重金属镉存在形态的影响

重金属进入土壤后对植物、动物、微生物形成潜在危害。土壤中重金属的总量是指土壤本身所固有的重金属组成和含量，土壤中重金属总量的测定是评价土壤重金属生物有效性和土壤环境效应的前提，但仅以土壤中重金属的总量并不能很好地预测评估土壤重金属的环境效应及其生物有效性，也不能完全作为评估它们对生物影响的充分标准，其对生物的影响程度也不同，所以有必要研究重金属的不同存在形态。由于土壤组成的复杂性和土壤物理化学性质的可变性，造成了重金属在土壤环境中的赋存形态的复杂性和多样性。重金属离子在土壤环境中，主要以交换态、碳酸盐结合态、铁锰氧化物结合态、有机结合态和残渣态5种形态存在。交换态的重金属易被生物利用，碳酸盐结合态、铁锰氧化物结合态及有机结合态可被生物利用，而残渣态是惰性的，不能被生物利用。本试验对不同pH值条件下重金属Cd^{2+}存在形态进行研究。

2.3.1　试验方法

试验器材：50mL离心管、25mL比色管、加液枪、pHS-3B型pH计、SCR20BC型离心机、消煮橱、聚四氟乙烯坩埚、振荡器、烘箱、滤纸、AA-6300FG型原子吸收光谱仪。

试剂：浓硝酸、浓盐酸、氢氟酸、高氯酸、1mol/L氯化镁、1mol/L醋酸钠（pH值=5）、0.04mol/L盐酸羟胺、0.02mol/L硝酸、30%过氧化氢（pH值=2）、99%冰乙酸、3.2mol/L醋酸氨。

供试土壤：试验土壤同吸附解吸土样。

试验方法：土壤自然风干，磨碎后过1mm筛，准确称取过筛后土样400.00g，置于500mL三角瓶中，摇匀，使之表面水平。以蒸馏水为溶剂，$CdCl_2$为溶质，配制Cd^{2+}浓度分别为0.1mg/L、0.2mg/L、0.5mg/L、1mg/L、10mg/L、20mg/L、50mg/L、80mg/L、100mg/L的$CdCl_2$溶液，用HCl和NaOH调节溶液pH值依次为3、5、7、9、11（误差±0.05），各取120mL溶液倒入对应的三角瓶内，静置3d使之充分吸附，然后取出土壤，自然风干后，磨碎后过1mm筛，进行重金属Cd^{2+}的形态分析。每个处理设3次重复。采用Tessier同步提取法（Tessier，1979）测定不同存在形态。具体步骤见表2-5。试验后，应用AA-6300FG型原子吸收光谱仪进行测定。

表2-5 Tessier同步提取法试验步骤

重金属形态	提取方法
交换态	准确称取1.5g土样于离心管中，用加液枪加1mol/L氯化镁15mL，室温下连续振荡1h，10 000r/min条件下离心10min，倾倒出上清液于比色管中，并加入4滴浓硝酸，摇匀待测；向残留物中加去离子水5mL，离心10min，弃去上清液，重复洗涤2次
碳酸盐结合态	向步骤1的残渣内加1mol/L醋酸钠7.5mL，室温下连续振荡5h，离心10min，倾倒出上清液于比色管中，加入4滴浓硝酸摇匀待测，重复上述洗涤过程
铁锰氧化物结合态	向步骤2的残渣内加入0.04mol/L盐酸羟胺30mL，在96℃中恒温6h，此间间断振荡3次，10 000r/min条件下离心10min，倾倒上清液于比色管中，加入8滴浓硝酸，摇匀待测，重复上述洗涤过程
有机结合态	向步骤3的残渣内加0.02mol/L硝酸4.5mL，30%过氧化氢7.5mL，85℃条件下加热2h，振荡3次，再加入30%过氧化氢4.5mL，85℃条件下加热3h，振荡3次，冷却后，用加液枪加3.2mol/L醋酸铵7.5mL，连续振荡30min，10 000r/min条件下离心10min，倾倒出上清液于比色管中，加入8滴浓硝酸摇匀待测，重复上述洗涤过程
全态	准确称取0.500 0g土样，加入对应的聚四氟乙烯坩埚内，并做两个空白。向坩埚内加入5滴蒸馏水，加10mL浓盐酸，加盖置于通风橱内，100℃条件下加热2h，冷却后，加入5mL浓硝酸、5mL氢氟酸、5mL高氯酸，加盖后在通风橱150℃条件下加热1.5h，开盖；在通风橱电热板上220℃继续加热，并不时摇动，当加热至有浓厚白烟时，加盖；继续加热1h至消解液为无色或者淡黄色为止，再继续开盖加热除酸，待坩埚内容物为半固体状时，取下冷却（若仍为黑色或者褐色时，加入3mL硝酸、3mL氢氟酸、1mL高氯酸重复消煮过程）；用热水将坩埚内残留物转移至50mL的定容瓶内，按1%的比例加入浓硝酸后定容摇匀待测

2.3.2 计算公式

各形态的计算公式如下。

交换态见式（2-3）。

$$S=\frac{C \times 15}{1.5} \tag{2-3}$$

碳酸盐结合态见式（2-4）。

$$S=\frac{C \times 7.5}{1.5} \tag{2-4}$$

铁锰氧化物结合态见式（2-5）。

$$S=\frac{C \times 30}{1.5} \tag{2-5}$$

有机结合态见式（2-6）。

$$S=\frac{C \times 24}{1.5} \tag{2-6}$$

式中：S为各形态的含量（mg/kg）；C为各形态对应的平衡浓度（mg/L）。

2.3.3 同种形态Cd^{2+}在不同浓度不同pH值下的变化

2.3.3.1 交换态镉在不同浓度不同pH值下的变化

pH值是决定土壤重金属存在形态的关键因素，土壤酸碱性受到气候、土壤母质、植被以及人为因素等影响，通过土壤风化淋溶，水盐运动，酸性、碱性肥料的施用等形成不同的土壤pH值。交换态镉主要通过扩散作用和外层络合作用非专性地吸附在土壤表面，从图2-18可以看出，交换态镉在各浓度中均随pH值的升高而呈下降趋势，在pH值3~5范围内，交换态镉在25%~90%，这说明强酸条件下有利于各形态镉向交换态镉转化，使土壤中镉的生物有效性提高。弱酸强碱条件下（pH值6~11），交换态镉所占比例迅速下降，在10%~30%。

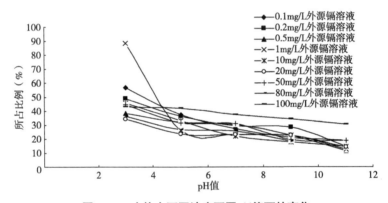

图2-18 交换态不同浓度不同pH值下的变化

2.3.3.2 碳酸盐结合态镉在不同浓度不同pH值下的变化

镉在土壤中易与碳酸根等形成不溶性的沉淀而固定在土壤中，从图2-19可以看出，碳酸盐结合态镉在各浓度中均随pH值的升高而呈下降趋势，在pH值3~5范围内，碳酸盐结合态镉在15%~50%，弱酸强碱条件下（pH值6~11），碳酸盐结合态镉所占比例迅速下降，在0.1%~30%。

2.3.3.3 铁锰氧化物结合态镉在不同浓度不同pH值下的变化

铁锰氧化物结合态镉的最大特点是还原条件下稳定性较差。从图2-20可以看出，铁锰氧化物结合态镉在各浓度中均随pH值的升高而呈下降趋势，在pH值3~5范围内，铁锰氧化物结合态镉在1%~11%，弱酸强碱条件下（pH值6~11），铁锰氧化物结合态镉所占比例升高，在4%~18%。

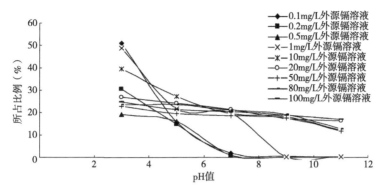

图2-19 碳酸盐结合态不同浓度不同pH值下的变化

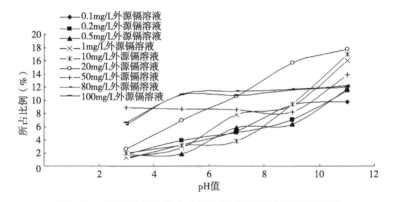

图2-20 铁锰氧化物结合态不同浓度不同pH值下的变化

2.3.3.4 有机结合态镉在不同浓度不同pH值下的变化

有机结合态镉（即有机物和硫化物结合态镉）主要以配合作用存在于土壤中。从图2-21可以看出，有机结合态镉在各浓度中均随pH值的升高而呈升高趋势，在pH值3~5范围内，有机结合态镉在1%~3%，弱酸强碱条件下（pH值6~11），有机结合态镉所占比例升高，在1%~8%。

2.3.3.5 残渣态镉在不同浓度不同pH值下的变化

残渣态镉很稳定，对于重金属迁移和生物可利用性贡献不大，在强酸条件下可以转化为交换态镉被作物吸收。从图2-22可以看出，残渣态镉在各浓度中均随pH值的升高而呈升高趋势，在pH值3~5范围内，残渣态镉所占比例为10%~45%，弱酸强碱条件下（pH值6~11），残渣态镉所占比例升高，为25%~80%。

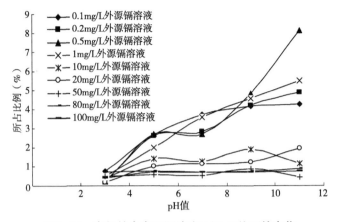

图2-21　有机结合态不同浓度不同pH值下的变化

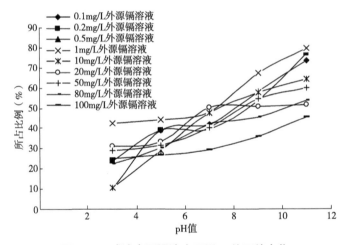

图2-22　残渣态不同浓度不同pH值下的变化

2.3.4　不同形态镉在各浓度下的分析

从图2-23至图2-31可以看出，各形态镉在各浓度下的比例分配较为一致，除了1mg/L浓度下交换态所占比例最高以外，其他几个浓度均是残渣态最高，有机结合态所占比例最小。这是由于镉在土壤中极易以各种途径被吸附固定，生物可利用性较小，当加了外源重金属溶液以后，在强酸条件下，交换态比例明显上升，但随后又会被吸附、络合、沉淀而固定下来。

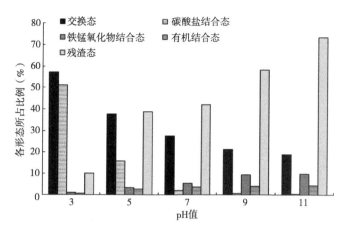

图2-23 0.1mg/L浓度下不同形态镉的比较

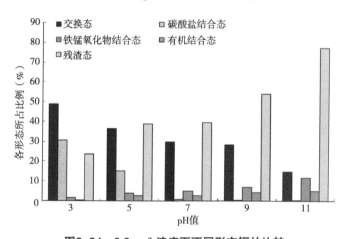

图2-24 0.2mg/L浓度下不同形态镉的比较

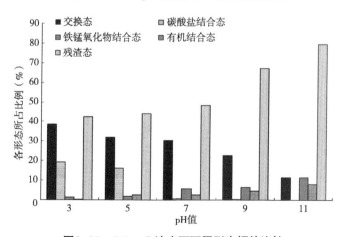

图2-25 0.5mg/L浓度下不同形态镉的比较

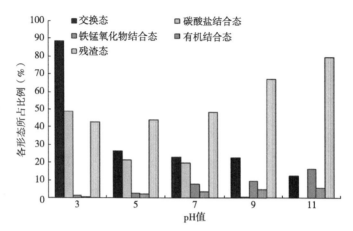

图2-26　1mg/L浓度下不同形态镉的比较

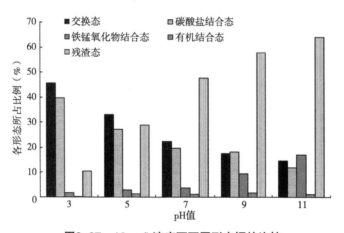

图2-27　10mg/L浓度下不同形态镉的比较

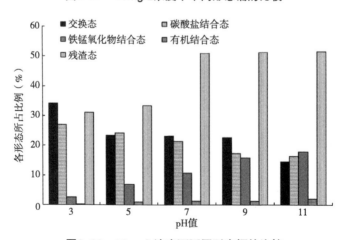

图2-28　20mg/L浓度下不同形态镉的比较

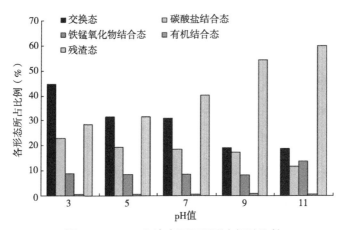

图2-29 50mg/L浓度下不同形态镉的比较

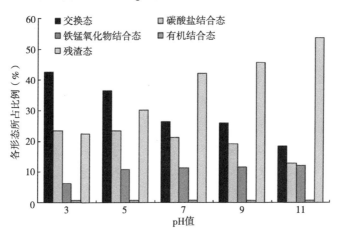

图2-30 80mg/L浓度下不同形态镉的比较

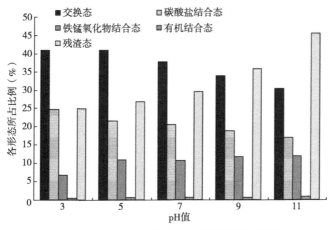

图2-31 100mg/L浓度下不同形态镉的比较

2.4 不同有机酸对重金属镉形态及生物有效性影响研究

试验设计重金属Cd浓度为50mg/L。6种有机酸，分别为EDTA、酒石酸、草酸、苹果酸、柠檬酸、乙酸。不同有机酸浓度设5个水平，即1mmol/kg、3mmol/kg、5mmol/kg、6mmol/kg、7mmol/kg。重金属Cd存在形态的测试方法、土样和计算公式同上。

2.4.1 同一有机酸不同浓度下各形态对比分析

图2-32为不同有机酸不同浓度作用后，土壤重金属Cd各形态所占比例。由图2-32可知，无论是哪种有机酸处理均表现出交换态含量所占比例在所有存在形态中最大，有机结合态所占比例最小，而其他形态所占比例因有机酸种类的不同有所差别。对于不同浓度EDTA处理，交换态含量所占比例极高，不同浓度平均水平达到77%，随EDTA浓度的增加，交换态含量逐渐增大，6mmol/kg时达到最大，其后随浓度的增加而减少，即6mmol/kg的EDTA最有利于交换态Cd含量的增加。而碳酸盐结合态（各浓度所占比例均值为4.95%），铁锰氧化物结合态（各浓度所占比例均值为7.25%），有机结合态（各浓度所占比例均值为0.78%）以及残渣态所占比例（各浓度所占比例均值为10.21%）相对于交换态所占比例较小，其中有机结合态含量最小。总体上，EDTA处理重金属Cd的形态主要为交换态，尤其是6mmol/kg处理最有利于向交换态转化。

对于不同浓度草酸处理，交换态含量所占比例仍为最大，不同浓度各形态所占比例大小顺序为：交换态（各浓度均值47.43%）>碳酸盐结合态（各浓度均值26.54%）>铁锰氧化物结合态（各浓度均值17.84%）>残渣态（各浓度均值0.85%）>有机结合态（各浓度均值7.0%），各形态按此顺序逐渐减小。与EDTA处理一致，有机结合态所占比例最小。随草酸浓度的增加，交换态、碳酸盐结合态、铁锰氧化物结合态和有机结合态所占比例总体上呈减小的趋势，而残渣态呈增加的趋势。3~5mmol/kg的草酸最有利于交换态Cd的存在。

对于不同浓度酒石酸处理，不同形态所占比例与草酸处理一致，交换态、碳酸盐结合态、铁锰氧化物结合态及有机结合态所占比例均随酒石酸浓度的增加有减小的趋势，而残渣态所占比例随酒石酸浓度的增加而增大。不同浓度各形态所占比例大小顺序为：交换态（各浓度均值50.86%）>碳酸盐结合态（各浓度均值24.29%）>铁锰氧化物结合态（各浓度均值17.49%）>残渣态（各浓度均值0.88%）>有机结合态（各浓度均值8.46%），各形态按此顺序逐渐减小。

对于不同浓度柠檬酸处理，各形态所占比例的大小顺序与其他有机酸处理一致，即交换态>碳酸盐结合态>铁锰氧化物结合态>残渣态>有机结合态。交换态、碳酸盐结合态、铁锰氧化物结合态所占比例均随柠檬酸浓度的增加而增大，3mmol/kg时达到最大，其后随浓度的增加而减小，而有机结合态（各浓度均值1.08%）和残渣态含量（各浓度均值2.55%）均较小。可见，3mmol/kg的柠檬酸有利于Cd向易吸收态转化。

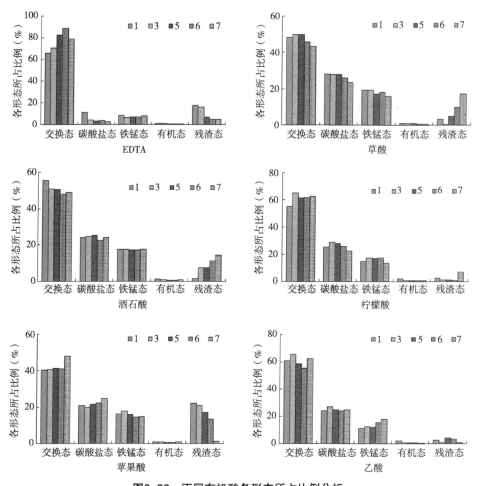

图2-32 不同有机酸各形态所占比例分析

对于不同浓度苹果酸处理，不同形态所占比例的大小顺序为：交换态>碳酸盐结合态>残渣态>铁锰氧化物结合态>有机结合态，有机结合态所占比例极小，相对于其他有机酸处理，残渣态所占比例较大。对于交换态和碳酸盐结合态所占比例均随苹果酸浓度的增加而增大，而铁锰氧化物结合态所占比例随苹果酸浓度的增加先增大后减小，3mmol/kg时最大，而残渣态所占比例随苹果酸浓度的增加而减小。

对于不同浓度乙酸处理，交换态所占比例大于碳酸盐结合态所占比例，大于铁锰氧化物结合态所占比例，有机结合态和残渣态所占比例极小。

2.4.2 不同有机酸不同浓度对各形态影响分析

图2-33展示了不同浓度有机酸处理土壤重金属Cd存在形态。不同浓度有机酸作用后，重金属Cd交换态所占比例如图2-33a所示，交换态所占比例的大小顺序为：EDTA>柠檬酸>乙酸>酒石酸>草酸>苹果酸，EDTA处理，交换态所占比例随EDTA浓度的增加而增大，6mmol/kg时达到最大，而其他有机酸处理交换态所占比例随有机酸浓度的增加变幅较小。

不同浓度有机酸作用后碳酸盐结合态所占比例如图2-33b所示，EDTA处理与其他几个有机酸处理差距较大，远远小于其他几个有机酸处理，且随EDTA浓度的增加，碳酸盐结合态所占比例减小，在5~7mmol/kg范围内变幅较小。其他有机酸处理间差距相对较小，不同处理间的差距随有机酸浓度的增加而减小，有机酸浓度为7mmol/kg时，不同有机酸处理间差别甚小。总体上表现为EDTA<苹果酸<酒石酸<乙酸<草酸<柠檬酸，但柠檬酸和草酸处理间差别较小。

不同浓度有机酸作用后铁锰氧化物结合态所占比例如图2-33c所示，与碳酸盐结合态分布规律一致，EDTA处理远远小于其他有机酸处理，铁锰氧化物结合态所占比例随EDTA浓度的变化较小。对于乙酸处理，随乙酸浓度的增加，铁锰氧化物结合态所占比例有增加的趋势，尤其5~7mmol/kg范围内，增幅较大，而1~5mmol/kg范围内，变幅较小。其他有机酸处理间差别较小，且随有机酸浓度的增加变幅较小。

不同浓度有机酸作用后有机结合态所占比例如图2-33d所示，乙酸、EDTA和草酸处理有机结合态所占比例均随有机酸浓度的增加而减小，其中乙酸减小幅度最大，尤其是1~3mmol/kg范围内变幅加大，而草酸减小幅度相对较小。苹果酸和酒石酸处理在1~5mmol/kg范围内，有机结合态所占比例随有机酸浓度的增加变幅较小，在5~7mmol/kg范围内，随有机酸浓度的增加所占比例增大，7mmol/kg时达到最大。

不同浓度有机酸作用后残渣态所占比例如图2-33d所示，EDTA和苹果酸处理残渣态所占比例随有机酸浓度的增加而减小，而酒石酸和草酸处理随有机酸浓度的增加而增加。乙酸和柠檬酸处理变幅相对较小。

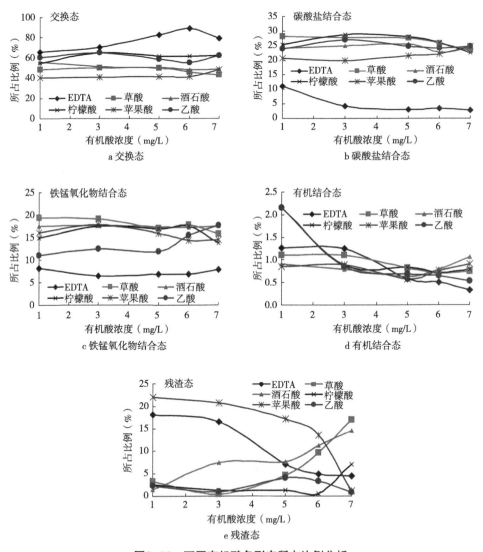

图2-33 不同有机酸各形态所占比例分析

2.4.3 生物有效性系数分析

在重金属各个存在形态中，交换态和碳酸盐结合态重金属易被植物吸收，铁锰氧化物结合态在还原条件下具有较高的生物有效性，而有机质结合态则在氧化条件下具有较高的生物有效性。目前，常用生物可利用性系数k来表示。公式如下：

$$k = \frac{可交换态+碳酸盐结合}{全量} = \frac{F_1 + F_2}{F_1 + F_2 + F_3 + F_4 + F_5}$$

不同浓度有机酸作用后生物有效性系数如图2-34所示。可见，不同处理生物有效性系数均较高，在0.6～1.0。其中，苹果酸处理，随苹果酸浓度的增加，生物有效性系数增大，6～7mmol/kg范围内，增幅较大。草酸和酒石酸处理较接近，均随草酸和酒石酸浓度的增加而减小，5～7mmol/kg范围内，减小幅度较大。EDTA处理，随EDTA浓度的增加而增大，5～7mmol/kg范围内，生物有效性系数较大。乙酸和柠檬酸处理，生物有效性系数随有机酸浓度的增加，先增大后减小，3mmol/kg时最大。可见，3mmol/kg的乙酸和柠檬酸，5～7mmol/kg EDTA，1～3mmol/kg酒石酸和草酸，6～7mmol/kg的苹果酸最有利于重金属Cd生物有效性系数的提高。

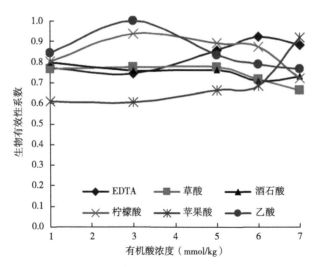

图2-34 不同有机酸作用下生物有效性系数

3 基于水培试验的镉污染植物修复机理

土壤结构、微生物繁殖能力、pH值等都能影响植物体内重金属镉的吸收和转移，且土壤系统是一个较复杂的微生态系统，影响因素较复杂，变异性较大。为了简化，并且精确、直观地研究控制条件下重金属镉的修复效果，采用水培试验，研究不同镉浓度下黑麦草的修复效果及机理，其目的在于对静水体镉污染机理进行探讨，以期为未来的实践修复找到初步的理论依据。

3.1 试验材料与方法

供试作物为黑麦草（泰德，4倍体），播种前种子用2%的乙醇消毒20min，然后用去离子水洗净，在25℃恒温箱里催芽，待种子萌芽时播到培养钵中，培养钵中黑麦草出苗后，生长7d移栽到营养液中，每7d更换1次营养液，营养液配制见表3-1。每盆中营养液为2L，每盆为5个穴，每穴中种植8棵黑麦草，即每盆中种植40棵，试验盆深度为15cm，直径为30cm，周围刷黑漆。生长25d后进行不同浓度Cd^{2+}处理，以$CdCl_2$的形式加入，浓度为2.5mg/L、5mg/L、10mg/L、20mg/L、30mg/L、40mg/L、50mg/L。不同Cd^{2+}浓度处理后第7d和第14d取样分析，测定项目包括营养液pH值、Cd^{2+}含量、有机酸种类及浓度、黑麦草株高、干物质质量及Cd含量，其中pH值采用PHS-3B精密pH计测定，Cd含量采用原子吸收光度法测定，营养液中有机酸种类及浓度采用高效液相色谱仪测定，有机酸的确定采用外标法，含量的计算采用峰面积法。测定条件为色谱柱为XDB C18反相柱，用过0.45mm膜pH值=2.7的重蒸水配制的15mmol/L KH_2PO_4溶液作流动相，流速1.0mL/min，柱温30℃，进样量为10mL，光照时间为10h，室温为20～30℃，光照度为24～32klx。

表3-1　荷格伦特（Hoagland）营养液配方表

大量元素：每升培养液中加入的毫升数	KH_2PO_4	1mol	1mL
	KNO_3	1mol	5mL
	$Ca（NO_3）_2$	1mol	5mL
	$MgSO_4$	1mol	2mL
微量元素：每升培养液中加入的毫克数	H_3BO_3	2.86	
	$MnCl_2 \times 4H_2O$	1.81	
	$ZnSO_4 \times 7H_2O$	0.22	
	$CuSO_4 \times 5H_2O$	0.08	
	$H_2MoO_4 \times H_2O$	0.02	

每升培养液中加入1mL FeEDTA溶液（即乙二胺四乙酸铁盐溶液）

3.2　结果与分析

3.2.1　不同浓度重金属Cd^{2+}对营养液pH值调节机制

　　营养液的pH值是非常重要的一个化学性质，关系到众多的化学反应及生物的适应性。研究营养液的pH值，对进行重金属修复机理研究有重要的基础意义。

　　图3-1为不同Cd^{2+}浓度下黑麦草所生长营养液中pH值的变化。营养液的pH值在栽培作物过程中会发生一系列的变化，主要决定于营养液中生理酸性盐和生理碱性盐用量及其比例，其中又以氮源和钾源类化合物所引起的生理酸碱性变化最大。使用碱或碱土金属的硝酸盐为氮源均会显示出生理碱性而使pH值升高，其中$NaNO_3$表现最强，$Ca（NO_3）_2$和KNO_3较弱。以铵盐为氮源，都会显示出生理酸性而使营养液pH值迅速下降。本研究中营养液以$Ca（NO_3）_2$和KNO_3为氮源，$Ca（NO_3）_2$和KNO_3都是生理碱性盐，植物根系优先选择吸收NO_3^-，而相对地把Ca^{2+}、K^+等阳离子剩余在营养液中，使得营养液显示出生理碱性，进而使得pH值升高。另外，钾源盐类在营养液的使用中对溶液pH值也有一定的影响，常用KNO_3、K_2SO_4、KH_2PO_4作为钾源。KNO_3为生理碱性，KH_2PO_4的生理酸碱性不明显，K_2SO_4为强生理酸性。本研究中采用KH_2PO_4为

钾源盐类。

由图3-1可知，所有处理的pH值均较对照处理小。处理间差距较大，且pH值随Cd^{2+}浓度的增加而减小，尤其是30~50mg/L显著降低。

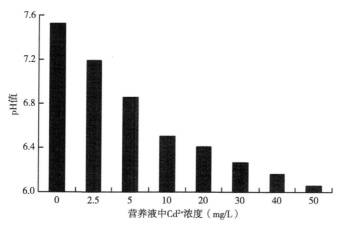

图3-1　不同Cd^{2+}浓度下营养液pH值变化

3.2.2　不同浓度重金属Cd^{2+}诱导黑麦草分泌有机酸

图3-2为有机酸标准曲线，黑麦草根系分泌有机酸为草酸、苹果酸和冰乙酸。营养液中草酸的变化分2个区间，0~20mg/L为小变幅区间，20~50mg/L为大变幅区间。营养液中草酸的含量与营养液pH值的变化相互协调制约，草酸含量高时，pH值小，反之，pH值增大（图3-3）。

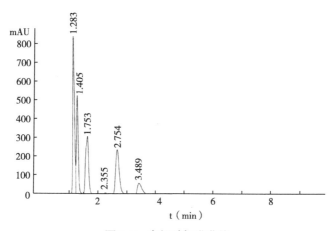

图3-2　有机酸标准曲线

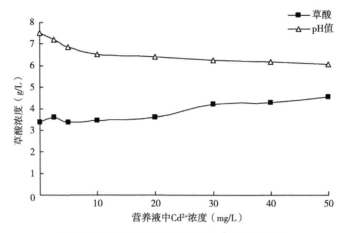

图3-3 草酸浓度随营养液中Cd²⁺浓度的变化

3.2.3 收获后营养液中Cd²⁺浓度的变化和黑麦草富集Cd²⁺的协调关系

由图3-4可知，营养液中Cd²⁺都有大幅度的降低，这是由于随着Cd²⁺胁迫时间的增加，黑麦草吸收的Cd²⁺趋于饱和，吸收量也相应减少。重金属Cd²⁺浓度大于10mg/L时，随吸收时间的增加，黑麦草吸收重金属Cd开始减少，黑麦草吸收重金属Cd明显的阈值范围为10～20mg/L。小于这个范围时，重金属Cd吸收空间较大，大于这个范围时，随处理时间的增加，重金属吸收量减少，且随重金属浓度的增加，减少量增大。

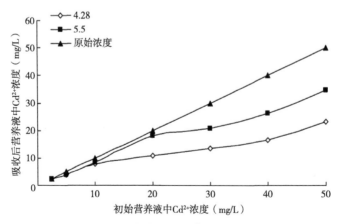

图3-4 营养液中Cd²⁺浓度变化

3.2.4 黑麦草株高对不同浓度重金属Cd^{2+}胁迫的响应

不同浓度Cd^{2+}处理对黑麦草生育期内株高的影响如图3-5所示。不同浓度Cd^{2+}处理下黑麦草株高随Cd^{2+}浓度的增加而减少，小于20mg/L时，各处理株高的差距较小，即株高随浓度增加而减小的幅度较小。但大于20mg/L时，各处理的株高随浓度的增加而减少的幅度较大，且随浓度的增加减小的幅度增大（表3-2）。

可见，水培条件下黑麦草修复重金属Cd，其株高增长阈值为20mg/L，即大于20mg/L的Cd^{2+}浓度严重抑制黑麦草株高的增加。浓度与株高之间的关系符合二次抛物线关系，拟合精度较高（图3-5），关系式为：

$$y=0.006\ 4x^2-0.547\ 6x+49.186\ (R^2=0.928\ 7)$$

表3-2 不同处理株高较对照减少量

处理（mg/L）	2.5	5	10	20	30	40	50
较对照减少量（%）	10.65	11.10	13.58	22.50	22.57	27.11	27.53

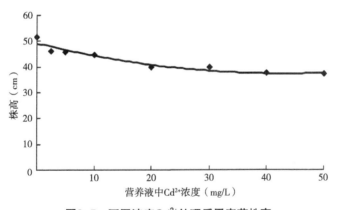

图3-5 不同浓度Cd^{2+}处理后黑麦草株高

3.2.5 黑麦草地上部分干物质质量对不同浓度重金属Cd^{2+}胁迫的响应

不同浓度Cd^{2+}处理对黑麦草生育期内地上部分干物质质量的影响如图3-6所示。0~10mg/L范围各处理地上部分干物质质量的差距较小，大于10mg/L时，随浓度的增加地上部分干物质质量减小，但30~50mg/L范围各处理的差距较小，减小幅度较大的范围为10~30mg/L，即敏感变化的范围为10~30mg/L。

小浓度范围0～10mg/L，因重金属Cd²⁺浓度小，对地上干物质质量影响小，大浓度范围30～50mg/L，重金属Cd²⁺对黑麦草有严重的毒害作用，各处理间毒害程度相当，只有10～30mg/L，重金属Cd²⁺浓度的增加对干物质质量影响幅度较明显。

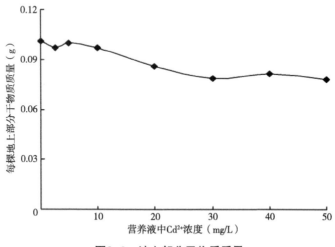

图3-6　地上部分干物质质量

3.2.6　黑麦草根系干物质质量对不同浓度重金属Cd²⁺胁迫的响应

由图3-7所示，小于30mg/L处理差距较小，大于30mg/L处理显著减低，但均大于对照处理。重金属浓度为30～50mg/L时根系干物质质量显著减低，黑麦草根系生长的适宜Cd²⁺浓度为小于30mg/L。

黑麦草耐性指数为重金属不同处理的黑麦草干物质质量与对照的比值，能较好地反映植物对重金属的耐性。耐性指数大于0.5时，表明黑麦草对Cd²⁺有较强的耐受性，生长较好。耐性指数小于0.5时，则说明Cd²⁺对黑麦草的毒害作用明显，黑麦草基本难以或不能生长在这种Cd²⁺浓度的环境中。耐性指数越大表示黑麦草对Cd²⁺的耐性越大。表3-3为不同处理下黑麦草植株根系耐性指数，可见，不同处理黑麦草的根系耐性指数均大于0.5，表明黑麦草对不同浓度下的重金属Cd²⁺有较强的耐受性。耐性指数随营养液中Cd²⁺浓度的增加有减小的趋势。黑麦草对重金属Cd²⁺有很强的耐受性，而且随浓度的增加重金属Cd²⁺对黑麦草的毒害性增强。

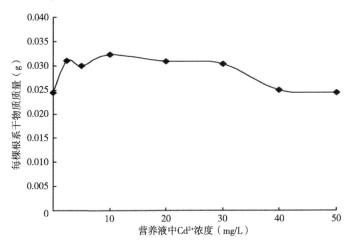

图3-7　根系干物质质量

表3-3　根系耐性指数分析

营养液中Cd^{2+}浓度（mg/L）	2.5	5	10	20	30	40	50
根系耐性指数	1.30	1.25	1.35	1.28	1.26	1.04	1.02

3.2.7　不同浓度Cd^{2+}对植株中Cd含量的影响

黑麦草植株地上部分Cd含量如图3-8所示，黑麦草地上部分Cd含量随Cd^{2+}浓度的增加而增大。0～10mg/L为大幅度增长范围，随营养液浓度的增加植株中Cd含量增长梯度较大，20～40mg/L为小幅度稳步增长范围，植株地上部分Cd含量稳步增长，40～50mg/L为Cd含量稳定范围，即Cd含量基本不增加。可见，10～20mg/L为变化敏感范围。

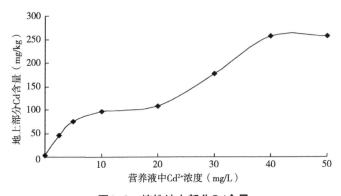

图3-8　植株地上部分Cd含量

地上部分Cd含量与营养液中Cd^{2+}浓度符合线性关系（图3-9），拟合精度较高，关系式为：

$$y=4.930\ 2x+30.577\ (R^2=0.949\ 9)$$

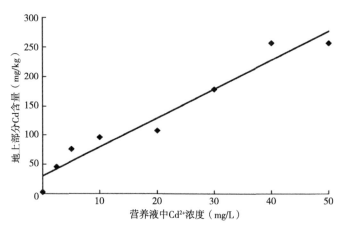

图3-9　植株地上部分中Cd含量拟合

黑麦草根系Cd含量如图3-10所示。黑麦草根系Cd含量随浓度的增加而稳定增大，根系Cd含量与营养液中Cd^{2+}浓度符合线性关系（图3-11），拟合精度极高，其拟合关系式为：

$$y=392.45x+146.62\ (R^2=0.992\ 5)$$

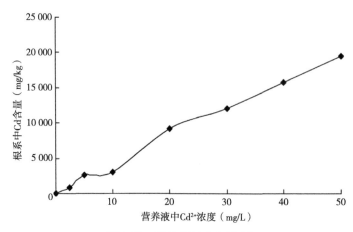

图3-10　植株根系中Cd含量

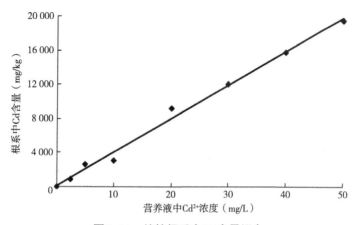

图3-11 植株根系中Cd含量拟合

3.2.8 结论

（1）黑麦草由于其生物学特性，在含Cd^{2+}营养液中生长时有自动调节根际环境pH值的功能，黑麦草根系分泌有机酸为草酸、苹果酸和冰乙酸。pH值随营养液中Cd^{2+}浓度的增加而降低。营养液中草酸的变化分2个区间，0~20mg/L营养液Cd^{2+}浓度范围为草酸小变幅区间，20~50mg/L为草酸的大变幅区间。营养液中黑麦草分泌的草酸的含量与营养液pH值的变化相互协调制约，草酸含量高时，pH值小，反之，pH值增大。

（2）黑麦草株高增长的营养液Cd^{2+}浓度阈值为20mg/L；敏感范围为10~30mg/L。重金属Cd^{2+}浓度的变化对干物质质量影响较明显；黑麦草根系生长的适宜营养液Cd^{2+}浓度范围为小于30mg/L；黑麦草对重金属Cd^{2+}有很强的耐受性，而且重金属Cd^{2+}浓度越大对黑麦草的毒害性越强；黑麦草地上部分Cd含量随营养液中Cd^{2+}浓度的增加而增大，10~20mg/L为变化敏感范围；黑麦草根系Cd含量随营养液中Cd^{2+}浓度的增加而稳定增大，根系Cd含量与营养液中Cd^{2+}浓度符合线性关系。

（3）随着Cd^{2+}胁迫时间的增加，黑麦草吸收Cd的量也相应减少。黑麦草吸收Cd明显的营养液Cd^{2+}阈值范围为10~20mg/L。小于这个范围时，Cd吸收空间较大，大于这个范围时，随处理时间的增加，Cd吸收量减少。

4 水培条件外源有机酸对黑麦草修复镉污染的诱导机制

富集植物黑麦草有自动调节根际pH值的生物特性，其表征是在不同的Cd浓度条件下分泌有机酸，进而改变根际微环境，吸收转移Cd。本章试验通过人为加入有机酸，研究外源有机酸诱导时黑麦草修复的响应特征。

4.1 试验材料与方法

本试验设计草酸、苹果酸、柠檬酸、冰乙酸、丙二酸、酒石酸和EDTA共7种有机酸类型，每种有机酸设5个浓度水平，分别为0.1mmol/L、0.5mmol/L、1mmol/L、2mmol/L、3mmol/L，以不加任何有机酸为对照，共计36个处理，每个处理3次重复。

供试植物为黑麦草，采用营养液种植，营养液配方见表3-1。在预试验研究的基础上，将重金属Cd浓度设计为20mg/L，以$CdCl_2$的形式加入。试验过程中，黑麦草种子先进行催芽，然后播入培养钵中。在营养钵中生长1周（高度大于10cm）后，移入放置2L营养液的小盆中，每盆5穴，每穴种植8棵黑麦草。生长25d开始进行EDTA及其他有机酸处理，1周换1次营养液，共处理2次后收获黑麦草。收获时测定营养液pH值、有机酸种类和浓度、黑麦草株高、地上部干物质质量、根系干物质质量及地上和根系中重金属Cd含量等。

4.2 结果与分析

4.2.1 黑麦草地上干物质质量对有机酸的响应

不同有机酸处理地上部干物质质量如图4-1所示。从图4-1可以看出，不同浓度的EDTA促进黑麦草地上干物质质量的增加，随EDTA的增加地上干物质质量增大，1mmol/L时最大，其后逐渐减小。即0.1~1mmol/L的EDTA对黑麦草地上干物质质量的促进作用较明显，2~3mmol/L促进作用相对较小。EDTA处理地上干物质质量为所有有机酸处理中最大值。0.1~0.5mmol/L的草酸减小了黑麦草地上干物质质量，即抑制了黑麦草地上部分的生长，而1~3mmol/L的草酸对其影响不明显。不同浓度苹果酸抑制了地上生物量的增加，其中0.1mmol/L的抑制作用最明显，而其他浓度差别较小。对于柠檬酸处理，地上干物质质量随柠檬酸浓度的增加而减小，其中0.1mmol/L大于对照处理，即起促进作用，0.5~3mmol/L范围内起抑制作用，其作用效果随柠檬酸浓度的增加而增大。不同浓度的冰乙酸抑制地上部分生物量的增加，其中，0.1mmol/L的抑制作用最明显。不同浓度的丙二酸抑制地上部分生物量的增加，其抑制作用随丙二酸浓度的增加而增大。不同浓度的酒石酸抑制地上部分生物量的增加，其中0.5~2mmol/L范围内抑制作用较明显。总体上，不同浓度EDTA，0.1mmol/L的柠檬酸对黑麦草地上干物质质量起促进作用，其他不同浓度的有机酸对其起抑制作用，丙二酸和冰乙酸的抑制作用较明显。

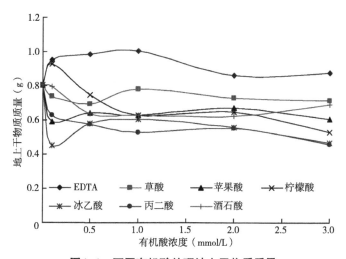

图4-1　不同有机酸处理地上干物质质量

4.2.2　黑麦草根系干物质质量对有机酸的响应

不同有机酸处理根系干物质质量如图4-2所示。从图4-2可以看出，不同浓度的EDTA抑制黑麦草根系的生长，其抑制作用随EDTA浓度的增加而增大。不同浓度的草酸抑制黑麦草根系的生长，其中1mmol/L时抑制作用明显，其后逐渐减小。不同浓度的苹果酸对其起抑制作用，随苹果酸浓度的增加，抑制作用增大。不同浓度的柠檬酸对其起抑制作用，其变化规律为抛物线型，0.5mmol/L时抑制作用最大，其后逐渐减小。0.5mmol/L的冰乙酸对根系的抑制作用较大，其他浓度较接近。丙二酸处理变化规律与柠檬酸一致，在0.5mmol/L时抑制作用最大，但抑制作用小于柠檬酸处理。不同浓度酒石酸对根系生长起促进作用，其促进效果随酒石酸浓度的增加而减小。总体上，除酒石酸对黑麦草根系起促进作用外，其他不同浓度有机酸对其起抑制作用，其中苹果酸的抑制作用最明显。

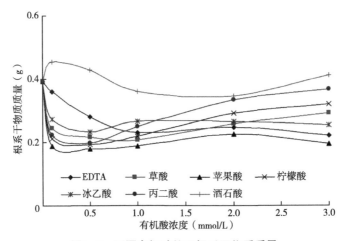

图4-2　不同有机酸处理根系干物质质量

4.2.3　黑麦草株高对有机酸的响应

由图4-3可知，除柠檬酸外，其他浓度有机酸对黑麦草株高起促进作用。酒石酸、EDTA、苹果酸处理株高随有机酸浓度的增加而增大，即有机酸浓度越高其促进作用越明显。冰乙酸和草酸处理变化趋势一致，为抛物线型，随有机酸浓度的增加而减小，2mmol/L时最小，其后逐渐增大，即2mmol/L对其促进作用最不明显。丙二酸处理也为抛物线型，在1mmol/L时最小，即1mmol/L的丙二酸促进作用最不明显。0.1mmol/L的柠檬酸对其起促进作用，其他浓度与对照处理相近，影响不明显。总体上，有机酸的加入有利于黑麦草株高的增加，0.1～1mmol/L浓度范围，冰乙酸和酒石酸的作用效果较明显，1～3mmol/L浓度范围，酒石酸和EDTA的作用较明显。

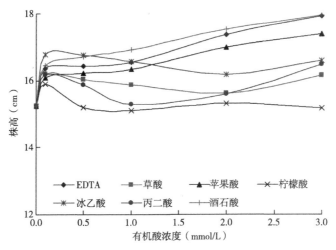

图4-3 不同有机酸处理株高变化

4.2.4 黑麦草耐性指数对有机酸的响应

根系耐性指数随有机酸浓度的变化规律与根系干物质质量的变化规律一致。经分析，各处理的耐性指数为0.46~1.17，具体见表4-1。说明各个处理下的黑麦草对Cd有较强的耐受性，其中酒石酸处理的耐性指数相对较高。

表4-1 不同有机酸作用下耐性指数

有机酸浓度（mmol/L）	0.1	0.5	1	2	3
EDTA	0.924	0.717	0.593	0.635	0.568
草酸	0.626	0.554	0.533	0.667	0.746
苹果酸	0.481	0.456	0.485	0.579	0.501
柠檬酸	0.543	0.493	0.562	0.747	0.822
冰乙酸	0.701	0.600	0.680	0.679	0.651
丙二酸	0.575	0.507	0.641	0.856	0.944
酒石酸	1.167	1.097	0.926	0.890	1.055

4.2.5 地上部分Cd含量对有机酸的响应

不同有机酸处理后黑麦草地上部分重金属Cd含量如图4-4所示，有机酸的加入促进地上部分Cd含量增加，仅3mmol/L的酒石酸、冰乙酸和EDTA对地上部分Cd含量有一定的抑制作用。EDTA处理黑麦草地上部分Cd含量随EDTA浓度的增加变化较小，即EDTA的不同浓度对地上部分Cd含量影响较小。苹果酸、草酸、柠檬酸、酒石酸和冰乙酸处理地上部分Cd含量随有机酸浓度的变化趋势一致，均为抛物线型，在0.5mmol/L时达到最大，其后逐渐减小，1~3mmol/L浓度范围内Cd含量逐渐减小。地上部分Cd含量随丙二酸浓度的增加而增大。总体上苹果酸最有利于地上部分Cd含量的增加，其次为草酸、柠檬酸，EDTA对其影响最小。

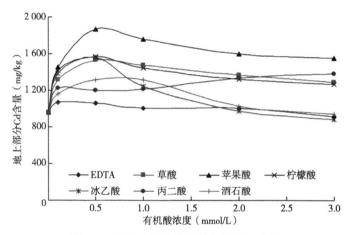

图4-4　不同有机酸处理地上部分Cd含量

4.2.6　根系Cd含量对有机酸的响应

不同浓度有机酸作用下黑麦草根系重金属Cd含量随有机酸浓度的变化如图4-5所示，根系Cd含量均随有机酸浓度的增加而减小。0.1mmol/L时，柠檬酸>苹果酸>冰乙酸>丙二酸>草酸>酒石酸>EDTA，其中柠檬酸、苹果酸、冰乙酸和丙二酸促进根系Cd含量的增加。0.5~3mmol/L范围，冰乙酸、苹果酸和柠檬酸变化趋势一致，随有机酸浓度增加减小的幅度较大，其含量依次减小。丙二酸、酒石酸和EDTA的变化趋势一致，0.1~1mmol/L浓度范围，随有机酸浓度增加减小的幅度较大，1~3mmol/L浓度范围，随有机酸浓度变幅较小，其含量依次减小。草酸处理在0.1~2mmol/L浓度范围，Cd含量随草酸浓度增加减小的幅度较大，2~3mmol/L浓度范围，变幅较小。总体上，0.1mmol/L的柠檬酸、苹果酸、冰乙酸和丙二酸促进根系Cd含量的增加，柠檬酸的促进作用最明显。

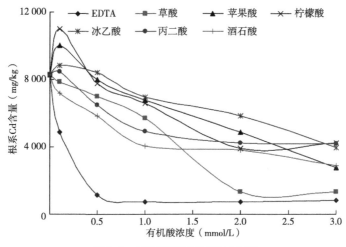

图4-5 不同有机酸处理Cd含量

4.2.7 有机酸对营养液中Cd含量的影响

不同浓度有机酸作用下营养液中Cd含量随有机酸浓度的变化如图4-6所示。0.1~1mmol/L范围，草酸、丙二酸、冰乙酸、酒石酸和柠檬酸处理可降低营养液中Cd含量，1~3mmol/L范围，苹果酸处理可降低营养液中Cd含量。

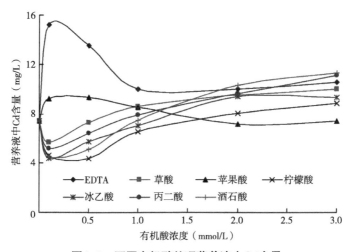

图4-6 不同有机酸处理营养液中Cd含量

5 基于土培试验的镉污染植物修复机理

5.1 试验材料与方法

重金属Cd以$CdCl_2 \times 2.5H_2O$（分子量228.35）的形式加入，Cd的浓度为：0mg/kg、1mg/kg、5mg/kg、10mg/kg、50mg/kg，以不加Cd作为对照处理，共计5个处理，每个处理6次重复。

供试土壤为沙壤土，容重$1.39g/cm^3$，田间持水量24%（质量含水率），基本理化性质见表2-1。土样风干后过2mm筛，施入尿素、磷酸二氢钾、硝酸钾作为底肥，施肥标准为N：150mg/kg；P_2O_5：100mg/kg；K_2O：300mg/kg。

供试黑麦草品种为泰德（四倍体）。采用根袋进行盆栽试验，盆钵高18cm，直径13cm。盆底设置通气孔，通气孔周围覆盖包裹有尼龙纱布的细砾石和粗沙，以防止土粒塞满沙砾空隙。装土前先取配置好的土样250g装入根袋中，再将根袋放入盆钵中装土，装土时分层压实，并使各盆的紧实度保持一致，装土量为每盆2kg。土体表面距盆口保持一定距离，以便浇水。盆钵装好后灌水使其充分饱和，等土壤湿度适宜时播黑麦草种子，出苗后每袋定苗15株。黑麦草生长过程中采用称重法每天浇灌去离子水，使土壤湿度达到田间持水量的70%。分别在黑麦草生长25d、40d和50d取样，调节盆中土壤的湿度，使根系能够较疏松地从根袋中完整取出，轻轻抖掉土壤，所抖掉的土壤为根际土壤，盆内根袋2cm外的土为非根际土壤。

测定项目：一是黑麦草收获后，将根袋土作为根际土，根袋2cm以外土壤作为非根际土，分别测定土壤中有机酸种类、有机酸数量、重金属含量、重金属吸附—解吸特性、重金属存在形态、pH值、Eh、硝态氮、铵态氮、速效磷、速效钾和EC；二是植物样品分地上部分和地下部分，测定植株株高、干物质质量、重金属含量；三是收集根系分泌物，测定其中的有机酸种类及含量，根系分泌有机酸的测定采用原位收集，根际和非根际土壤中有机酸的测定采用蒸馏水浸提。

5.2 结果与分析

5.2.1 干物质质量和耐性指数对不同浓度Cd胁迫的响应

图5-1给出了不同浓度重金属Cd处理后10棵黑麦草干物质质量随时间的变化。由图5-1可知，不同浓度重金属Cd作用下，黑麦草地上干物质质量随生长发育时间的推移而增大，尤其是40～50d生长阶段内，增幅较大。可见40d为黑麦草生长旺盛阶段，有较大的生长空间，因此在进行深入研究时可将黑麦草生长周期定为40d。

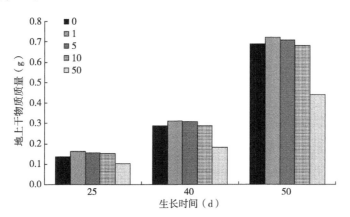

图5-1 不同浓度Cd处理地上干物质质量随时间的分布

图5-2为不同生长时间内，黑麦草地上干物质质量随重金属Cd浓度变化曲线。由图5-2可知，在1～50mg/kg的浓度范围内，无论在黑麦草哪个生育阶段均表现为随重金属Cd浓度的增加，地上干物质质量减小。黑麦草不同生长发育时段内，1mg/kg和5mg/kg处理的地上干物质质量均大于对照处理，且1mg/kg稍大于5mg/kg。10mg/kg处理在黑麦草生长25d时稍大于对照处理，而生长40d时与对照处理接近，但生长50d时小于对照处理，即随着生长时间的推移，10mg/kg的重金属Cd对黑麦草的胁迫程度增大。50mg/kg处理地上干物质质量

远远小于对照处理，即50mg/kg重金属Cd限制了黑麦草地上干物质质量的增加。由表5-1也可以看出，1mg/kg和5mg/kg重金属Cd对黑麦草地上干物质质量增加起促进作用，其促进作用随生长发育时间的推移而减小，即生长25d时促进作用最明显。10mg/kg对其作用不明显，而50mg/kg抑制黑麦草地上干物质质量增大，其抑制作用随生长发育时间的推移而增大。

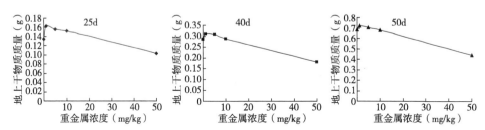

图5-2 不同时间地上干物质质量随浓度的变化

表5-1 不同处理干物质质量较对照处理增加量

Cd浓度（mg/kg）	25d	40d	50d
1	0.205	0.084	0.048
5	0.154	0.080	0.031
10	0.126	0.005	-0.010
50	-0.234	-0.365	-0.361

图5-3为不同浓度重金属Cd作用下10棵黑麦草根系干物质质量随时间的分布图。从图5-3可以看出，在不同浓度重金属Cd作用下，黑麦草根系干物质质量随生长发育时间的增加而增大，尤其是25～40d生长阶段内，增幅较大。25～40d为黑麦草根系的旺盛生长阶段。

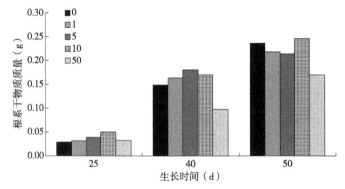

图5-3 不同浓度Cd作用下根系干物质质量随时间的变化

图5-4为不同浓度重金属Cd作用下10棵黑麦草地上部分干物质质量不同时段内分布图。生长25d时，随重金属Cd浓度的增加，黑麦草地上部分植株干物质质量增大，10mg/kg时达到最大，其后又减小，1～10mg/kg处理均大于对照处理，即重金属Cd对黑麦草植株生长有一定促进作用，且促进作用随Cd浓度的增加而增大，10mg/kg时达到最大，其后随Cd浓度的增加促进作用减小。生长40d时，黑麦草地上部分植株干物质质量随Cd浓度的变化规律与生长25d时的变化规律相似，但5mg/kg时达到最大，其后又减小，而且50mg/kg时小于对照处理。即黑麦草生长40d时，5mg/kg的重金属Cd最有利于其地上部分植株干物质质量的增长，而且50mg/kg的重金属Cd抑制其地上部分植株干物质质量的增加。生长50d时，黑麦草地上部分植株干物质质量随Cd浓度的变化规律与生长25d时的变化规律相似，但其增幅较生长25d时小。综上所述，5～10mg/kg的重金属Cd较有利于黑麦草地上部分植株干物质质量的增加，但50mg/kg重金属Cd对其产生了毒害作用，限制了地上干物质质量的增加。

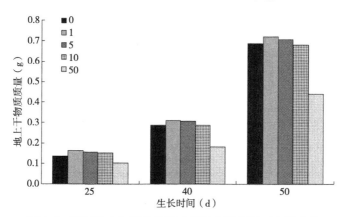

图5-4 不同浓度Cd作用下地上干物质质量随时间的变化

表5-2为不同浓度重金属Cd作用下黑麦草根系的耐性指数，不同生长发育阶段内各处理的耐性指数均大于0.5，表明黑麦草对重金属Cd在所设计的浓度范围内有较强的耐受性。不同生长发育阶段内，随浓度的变化规律与根系干物质质量的变化规律一致。随生长发育时间的推移耐性指数减小。可见土壤重金属Cd浓度为5～10mg/kg有利于黑麦草的修复，土壤重金属浓度为50mg/kg对黑麦草有一定的毒害性。

表5-2　不同浓度Cd作用下根系耐性指数

生长时间（d）	25				40				50			
土壤浓度（mg/kg）	1	5	10	50	1	5	10	50	1	5	10	50
根系耐性指数	1.082	1.320	1.720	1.138	1.097	1.212	1.140	0.658	1.000	1.038	1.042	0.723

5.2.2　株高对不同浓度Cd胁迫的响应分析

图5-5为不同浓度重金属Cd作用下黑麦草株高的变化情况。黑麦草株高随生长时间的推移而增加，40~50d内株高的增加较快。无论哪个生长发育阶段，50mg/kg处理的株高均小于对照处理，即50mg/kg的重金属Cd抑制了黑麦草株高的增加。而1mg/kg、5mg/kg、10mg/kg的Cd均在生长40d之前促进黑麦草株高的增加，其促进作用随Cd浓度的增加而增大。而生长50d时，Cd浓度越高，越不利于其株高的增加。

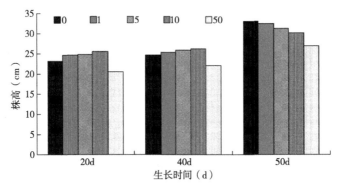

图5-5　不同浓度Cd处理下株高随时间的分布

5.2.3　不同浓度重金属Cd诱导黑麦草分泌有机酸

图5-6为有机酸标准曲线，不同浓度重金属Cd胁迫下根系分泌有机酸如图5-7所示，重金属Cd胁迫下黑麦草根系分泌的有机酸包括草酸、苹果酸、冰乙酸。黑麦草根系分泌的3种有机酸含量随重金属Cd浓度变化的趋势一致。有机酸（草酸、苹果酸和冰乙酸）含量随土壤Cd浓度的增加而增大，但10~50mg/kg范围内增幅较小。而1~10mg/kg为有机酸敏感增长范围，重金属Cd刺激黑麦草根系分泌草酸、苹果酸和冰乙酸。因草酸的含量较大，苹果酸和冰乙酸的含量较少，使得总有机酸含量变化规律与草酸一致。

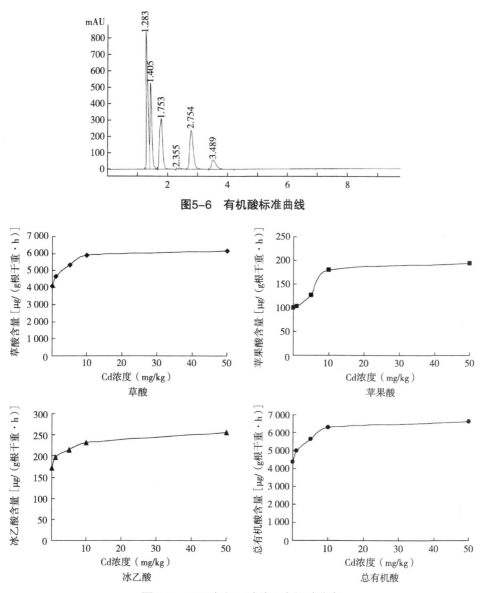

图5-6 有机酸标准曲线

图5-7 不同浓度Cd胁迫下有机酸分布

5.2.4 植株Cd含量和富集系数

图5-8和图5-9为不同浓度重金属Cd作用下不同时段内黑麦草植株中Cd含量，可见，无论是哪个生育时段根系中的Cd含量均大于植株地上部分的含量。随生长时间的推移黑麦草根系和地上部分Cd含量均增加，黑麦草生长40d

时Cd含量稍大于25d，而生长50d时重金属Cd含量较生长40d时显著增加。说明黑麦草生长40～50d阶段内对重金属Cd有较大的吸收空间。因此，在采用黑麦草进行重金属Cd修复时，可将40～50d作为黑麦草修复Cd污染的敏感期。

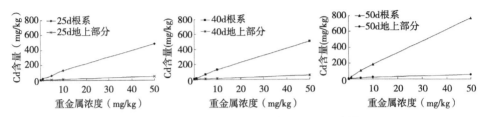

图5-8　不同生长时段内黑麦草植株中Cd含量

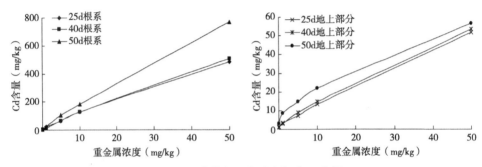

图5-9　黑麦草根系和地上部分Cd含量

植株中Cd含量与土壤中重金属Cd含量有直接关系，本研究建立了两者的关系，图5-10和5-11为不同时段内黑麦草根系和地上部分重金属Cd含量与土壤中重金属Cd含量的拟合关系，两者呈线性关系，拟合精度较高，可见土壤Cd浓度直接影响黑麦草植株中Cd的含量。拟合关系式如下：

$$Y_r=9.469\ 6x+14.837 （R^2=0.997\ 2） （T=25d）$$

$$Y_r=9.970\ 7x+11.544 （R^2=0.997\ 6） （T=40d）$$

$$Y_r=15.077x+18.583 （R^2=0.998\ 3） （T=50d）$$

$$Y_p=0.995\ 5x+2.286\ 2 （R^2=0.998\ 8） （T=25d）$$

$$Y_p=1.024\ 4x+2.706\ 6 （R^2=0.996\ 0） （T=40d）$$

$$Y_p=0.994\ 6x+7.870\ 2 （R^2=0.975\ 8） （T=50d）$$

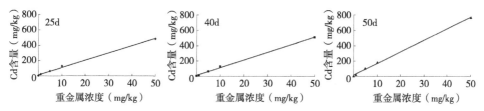

图5-10 根系中Cd含量与土壤中Cd浓度关系拟合

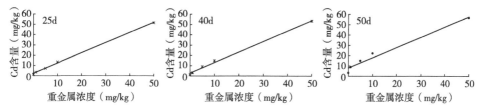

图5-11 地上部分Cd含量与土壤中Cd含量关系拟合

　　不同部位的富集系数，即重金属元素在黑麦草植株不同部位的浓度与土壤中对应重金属元素的浓度的比值，又称生物浓缩系数、生物浓缩率、生物积累率、生物积累倍数、生物吸收系数等。重金属富集系数可以表征重金属元素在植株不同部位的积累特征。不同浓度重金属Cd作用下黑麦草不同部位的富集系数如表5-3所示，黑麦草根系的富集系数较地上部分大，且随生长发育时间的推移富集系数增大。同一生长时段内，随Cd浓度的增加根系富集系数有减小的趋势。富集系数大于1的植物可作为重金属富集植物，本研究中所选黑麦草在生长50d内不同重金属浓度Cd作用下的富集系数均大于1，可见本研究所选黑麦草泰德可作为重金属Cd的富集植物。

　　地上部分富集系数随Cd浓度的增加也有减小的趋势，即重金属Cd浓度越大，对黑麦草的毒害越严重，影响了黑麦草的正常生长，不利于重金属的吸收富集。

表5-3 不同浓度Cd作用下黑麦草不同部位的富集系数

生长时段 Cd浓度	25d				40d				50d			
	1	5	10	50	1	5	10	50	1	5	10	50
根系	21.16	12.40	12.72	9.70	12.54	13.07	12.72	10.13	23.51	21.11	18.49	15.37
地上部分	3.42	1.44	1.33	1.04	3.08	1.78	1.46	1.07	8.53	2.95	2.19	1.13

5.2.5　根际与非根际土壤中有机酸组成

图5-12为根际有机酸分布情况。不同浓度重金属Cd作用下，黑麦草根际土壤中检测到的有机酸有草酸和苹果酸，随土壤Cd浓度的增加有机酸的含量增大，Cd浓度在1~10mg/kg范围，草酸含量增加幅度较大，而苹果酸则在1~5mg/kg范围内增长幅度较大。因草酸在总有机酸中所占的比例较大，因此总有机酸含量随重金属Cd浓度的变化规律与草酸的变化规律一致。图5-13为非根际土壤中有机酸分布规律。在不同浓度重金属Cd作用下，非根际土壤中检测到的有机酸为草酸，随重金属浓度的增加草酸的含量增大，但在非根际土壤中没有检测到苹果酸。

图5-14为根际和非根际土壤中有机酸分布的对比分析，无论是草酸还是总有机酸均为根际大于非根际。这是黑麦草在重金属Cd作用下所表现出的生理生化反应的结果，也是根际土壤pH值小于非根际的原因之一。综上所述，在不同浓度重金属Cd作用下，黑麦草分泌的有机酸为草酸和苹果酸，且随重金属Cd浓度的增加而增大。

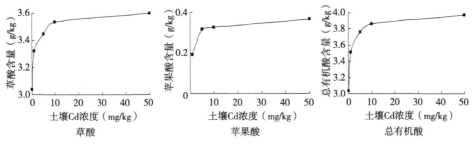

图5-12　根际土壤中有机酸分布

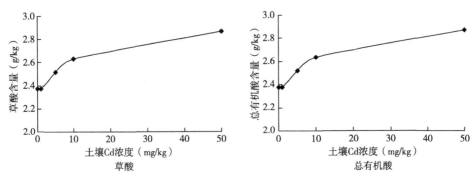

图5-13　非根际土壤中有机酸分布

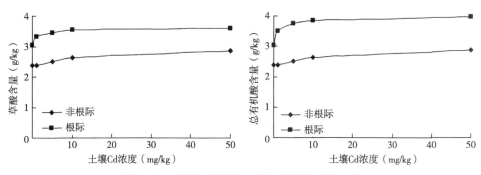

图5-14 根际与非根际土壤中有机酸对比分析

5.2.6 土壤中有机酸和pH值

pH值是土壤的主要参数，对土壤的许多化学反应和化学过程有很大影响，对土壤中重金属的氧化还原、沉淀溶解、吸附解吸和配合反应等起支配作用。图5-15为根际和非根际土壤在不同浓度重金属Cd作用下土壤pH值在不同生长时段内的变化。由图5-15可知，根际和非根际土壤pH值随黑麦草生长发育时间的推移而降低，随浓度的增加而降低。根际土壤pH值较非根际土壤低。另外，植物吸收土壤中的重金属阳离子，同时为了保持土壤体系的电荷平衡，向土壤溶液中分泌阳离子H^+，使得土壤的pH值降低。根据植株Cd含量分

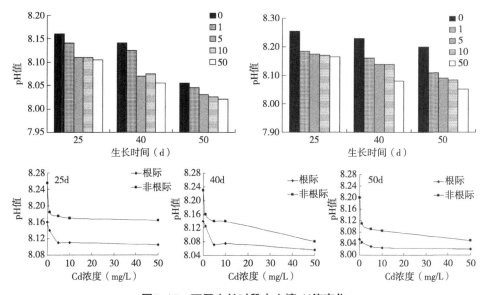

图5-15 不同生长时段内土壤pH值变化

析的结论，土壤Cd浓度越大，黑麦草吸收Cd量越多，因此释放的H⁺也越多，土壤pH值就越低。根际土壤pH值小于非根际也是这个原因。另一方面黑麦草从土壤中吸收养分，根系就向外分泌酸性分泌物，对根际土壤进行酸化，导致了根际土壤pH值小于非根际。

5.2.7　土壤Eh

不同浓度重金属Cd作用下黑麦草根际与非根际土壤Eh随时间的变化如图5-16和图5-17所示。黑麦草生长25d、40d和50d时，根际土壤Eh小于非根际，这是由于根际土壤中根系和微生物的呼吸作用消耗较多的氧气，造成根际土壤Eh下降，而非根际土壤受根系影响较小，耗氧量也较根际小，因此非根际的氧化还原电位较根际的大。

随生长发育时间的推移，根际土壤Eh减小（图5-17），但非根际土壤Eh在黑麦草生长40d和50d时差距较小。不同生长发育阶段内，随重金属Cd浓度的变化较小，即不同浓度重金属Cd对其影响较小。

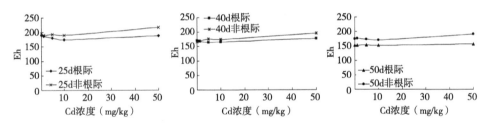

图5-16　不同Cd浓度下土壤Eh变化规律

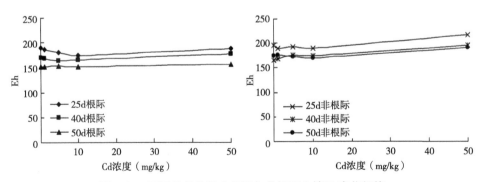

图5-17　不同生长阶段内根际与非根际土壤Eh变化规律

5.2.8 土壤有机质

不同浓度重金属Cd作用下黑麦草根际与非根际土壤有机质在生长发育阶段内的变化如图5-18和图5-19所示。黑麦草生长25d、40d和50d根际土壤有机质小于非根际（图5-18）。无论是根际土壤还是非根际土壤，有机质均随生长发育时间的推移有减小的趋势（图5-19）。对比不同生育阶段有机质的变化可以看出，不同浓度重金属Cd对生长25d的黑麦草根际与非根际土壤有机质影响较明显，且随Cd浓度的增加，根际土壤有机质减小，而其他生育阶段随浓度变化较小。

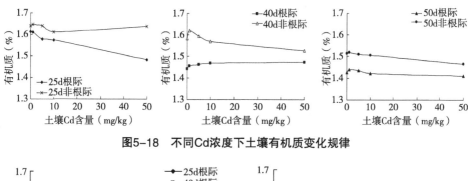

图5-18　不同Cd浓度下土壤有机质变化规律

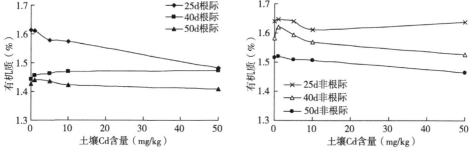

图5-19　不同生长阶段内根际与非根际土壤有机质变化规律

5.2.9 土壤速效钾

不同浓度重金属Cd作用下黑麦草根际与非根际土壤速效钾随时间的变化如图5-20和图5-21所示。黑麦草生长25d、40d和50d根际土壤速效钾小于非根际（图5-20），且随生长发育时间的推移，根际与非根际速效钾差距增大。这是由于黑麦草根系首先吸收根际钾元素，在根际钾元素不足时，非根际土壤中的钾元素会随土壤溶液运移到根际，使得非根际土壤速效钾降低，而且随时间的推移，根际土壤速效钾的亏缺程度增大，尽管非根际土壤钾元素能向根际运移，但也不能及时补充根际的亏缺，因此导致了随时间增长差距增大的结果。

随生长发育时间的推移，黑麦草生长25d、40d和50d内，根际土壤速效钾急剧减小，非根际土壤速效钾不同时间内差距较根际小（图5-21）。非根际土壤速效钾随生长发育时间变化较小的原因主要是由于根际土壤受根系影响较大，而非根际土壤受根系影响较小，营养元素虽能随溶液运移到根际，但较根际营养元素的变化小得多。

不同浓度重金属Cd作用下黑麦草生长25d后，根际土壤速效钾在5mg/kg时最小，且小于对照处理，即黑麦草生长25d时，5mg/kg重金属Cd胁迫下有利于根际土壤速效钾的吸收。非根际土壤速效钾在1mg/kg时较小，其他浓度处理差别较小。生长40d后，不同处理根际土壤速效钾小于对照处理，随土壤重金属Cd浓度的增加，根际土壤速效钾减小，10mg/kg时最小，即黑麦草生长40d时，1～10mg/kg重金属Cd胁迫下有利于根际土壤速效钾的吸收，而非根际土壤速效钾变化规律与根际相反。黑麦草生长50d时，在1～50mg/kg浓度范围内，随重金属Cd浓度的增加，根际土壤速效钾增大，即重金属Cd浓度越大越不利于根际根系吸收速效钾。

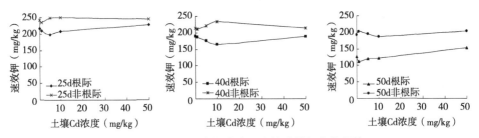

图5-20 不同重金属浓度下土壤速效钾变化规律

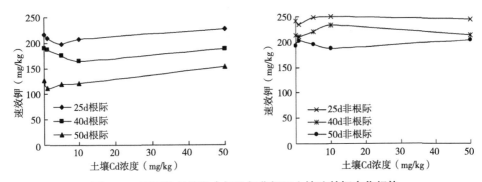

图5-21 不同生长阶段内根际与非根际土壤速效钾变化规律

5.2.10 土壤速效磷

不同浓度重金属Cd作用下黑麦草根际与非根际土壤速效磷在生长发育阶段内的变化如图5-22和图5-23所示。黑麦草生长25d、40d和50d根际土壤速效磷小于非根际，且随生长发育时间的推移，根际与非根际速效磷差距增大（图5-22），尤其是在生长40～50d内，根际和非根际土壤的速效磷差距较大，可见，不同Cd浓度下黑麦草在生长40～50d时间内对速效磷的吸收较充分。这是由于黑麦草根系首先吸收根际磷元素，在根际磷元素不足时，非根际土壤中的磷元素会随土壤溶液运移到根际，使得非根际土壤速效磷降低，而且随时间的推移，根际土壤速效磷的亏缺程度增大，尽管非根际土壤磷元素能向根际运移，但也不能及时补充根际的亏缺，因此导致了随时间增长差距增大的结果。

随生长发育时间的推移，根际与非根际土壤速效磷减小，但非根际减小的幅度较根际小。黑麦草生长25～40d内，根际和非根际土壤中速效磷随土壤重金属浓度的增加变化较小，而生长50d后，根际与非根际土壤速效磷随土壤重金属Cd浓度的增加而减小。10mg/kg时最小，即10mg/kg的重金属Cd最有利于黑麦草根系吸收速效磷。

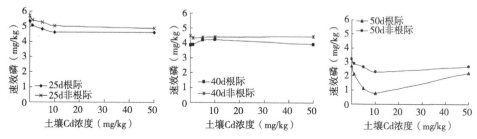

图5-22 不同重金属Cd浓度下土壤速效磷变化规律

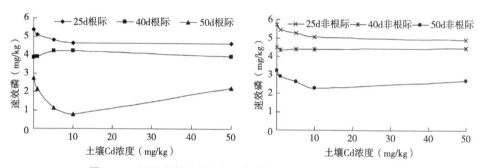

图5-23 不同生长阶段内根际与非根际土壤速效磷变化规律

5.2.11 土壤根际与非根际Cd含量的再分布

不同浓度重金属Cd胁迫下黑麦草生长一段时间后土壤Cd浓度如图5-24和图5-25所示。在黑麦草整个生长发育阶段内,根际和非根际土壤中的Cd浓度随初始浓度的增加而增大,且根际土壤Cd浓度均大于非根际,这是由于非根际土壤溶液中的Cd通过质流转移到根际土壤中,使得根际土壤中的Cd浓度相对较高,而植物吸收相对较少,因此会在根际土壤中积累,导致根际土壤中Cd浓度大于非根际。另外,无论是根际还是非根际土壤中Cd浓度随生长发育时间的推移而减少,即生长到50d时土壤中的Cd浓度最小。随生长发育时间的推移,黑麦草吸收土壤Cd增多,土壤中残留Cd减少。

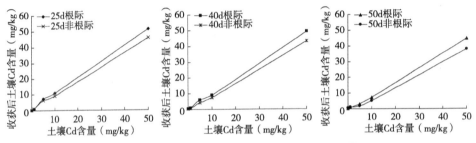

图5-24 不同生长时间内土壤Cd浓度变化规律

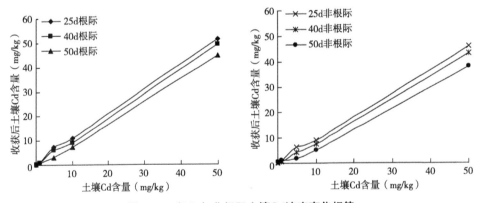

图5-25 根际与非根际土壤Cd浓度变化规律

5.2.12 根际、非根际Cd各形态百分比变化

5.2.12.1 根际各形态百分比变化

(1)同一时间不同形态百分比变化。根际土壤Cd的各个形态百分比不同,结果见图5-26。由图5-26a可以看出,黑麦草生长时段为25d时,1mg/kg

Cd处理根际土壤中各形态Cd占总Cd百分比依次为碳酸盐结合态>残渣态>交换态>铁锰氧化物结合态>有机结合态，5mg/kg Cd处理根际土壤中各形态Cd百分比依次为交换态>碳酸盐结合态>残渣态>铁锰氧化物结合态>有机结合态，10mg/kg和50mg/kg Cd处理时，根际土壤中各形态Cd百分比依次为交换态>残渣态>碳酸盐结合态>铁锰氧化物结合态>有机结合态。不同土壤Cd浓度条件下，交换态所占百分比随土壤Cd浓度的增大而增加，分别为24.20%、30.72%、34.90%和40.09%；碳酸盐结合态所占百分比随土壤Cd浓度的增大而降低，分别为29.38%、24.12%、20.33%和19.06%；铁锰氧化物结合态百分比随土壤Cd浓度增大变幅较小；有机结合态百分比均小于5%，且随土壤Cd浓度增大呈增加趋势，分别为1.68%、3.84%、3.98%和4.24%，增加幅度较小；残渣态百分比随土壤Cd浓度增大而降低，分别为26.42%、23.83%、24.56%和20.41%，变化幅度较小。

由图5-26b可以看出，植物生长时段为40d时，1mg/kg Cd处理根际土壤中各形态Cd百分比依次为碳酸盐结合态>残渣态>交换态>铁锰氧化物结合态>有机结合态，5mg/kg Cd处理根际土壤中各形态Cd百分比依次为交换态>碳酸盐结合态>残渣态>铁锰氧化物结合态>有机结合态，10mg/kg和50mg/kg Cd处理时，根际土壤中各形态Cd百分比依次为交换态>残渣态>碳酸盐结合态>铁锰氧化物结合态>有机结合态。在不同土壤Cd浓度条件下，各形态变化规律与生长时段为25d时一致。交换态和有机结合态百分比均随土壤Cd浓度增大呈增加趋势，碳酸盐结合态、铁锰氧化物结合态和残渣态百分比均随土壤Cd浓度增大呈降低趋势。

由图5-26c可以看出，植物生长时段为50d时，1mg/kg Cd处理根际土壤中各形态Cd百分比依次为残渣态>碳酸盐结合态>交换态>铁锰氧化物结合态>有机结合态，5mg/kg、10mg/kg和50mg/kg Cd处理时，根际土壤中各形态Cd百分比依次为交换态>残渣态>碳酸盐结合态>铁锰氧化物结合态>有机结合态。各形态变化规律与生长25d和40d时一致。交换态和有机结合态百分比均随土壤Cd浓度增大呈增加趋势；碳酸盐结合态、铁锰氧化物结合态和残渣态百分比均随土壤Cd浓度增大呈降低趋势。

可见，根际土壤中Cd的主要存在形态为交换态，所占百分比在32.5%左右，且随土壤中Cd浓度增大而增加；其次为残渣态，所占百分比在25.2%左右，且随土壤Cd浓度的增大而降低；再次为碳酸盐结合态和铁锰氧化物结合态，且随土壤Cd浓度的增大而减小；以有机结合态最少，百分比均小于5%，且随土壤Cd浓度增大而增加。综上所述，根际土壤中Cd的主要存在形态为交换态和残渣态，其次为碳酸盐结合态和铁锰氧化物结合态，有机结合态最少。

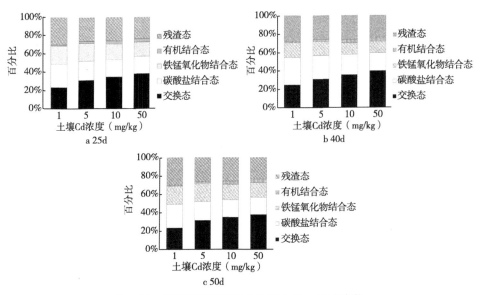

图5-26 根际不同形态百分比随土壤Cd浓度变化

（2）不同时间同一形态百分比变化。不同植物生长时期根际土壤中同一形态Cd百分比随土壤Cd浓度变化情况见图5-27。由图5-27a可以看出，黑麦草不同生长阶段交换态百分比变化规律一致，均随土壤Cd浓度增大呈先急速增加后稳定增长的趋势；在黑麦草不同生长阶段，交换态百分比变化较小。

从图5-27b可以看出，黑麦草不同生长阶段碳酸盐结合态百分比变化规律一致，均随土壤Cd浓度的增大呈先快速降低，后趋于稳定的趋势；黑麦草生长40d时碳酸盐结合态百分比相对较高，生长50d时相对较低，生长25d时介于二者之间。

从图5-27c可以看出，黑麦草不同生长阶段铁锰氧化物结合态百分比变化规律一致，均随土壤Cd浓度的增大呈先增加后减小的趋势，黑麦草生长50d时，铁锰氧化物结合态百分比相对较高，生长40d时相对较低，生长25d时介于二者之间。

从图5-27d可以看出，黑麦草不同生长阶段有机结合态百分比变化规律一致，随土壤Cd浓度的增大呈先增加后稳定的趋势，有机结合态百分比随黑麦草生长时间的延长而减小，在不同土壤Cd浓度条件下，生长25d时有机结合态百分比相对较高，生长50d时相对较低，生长40d时介于二者之间。

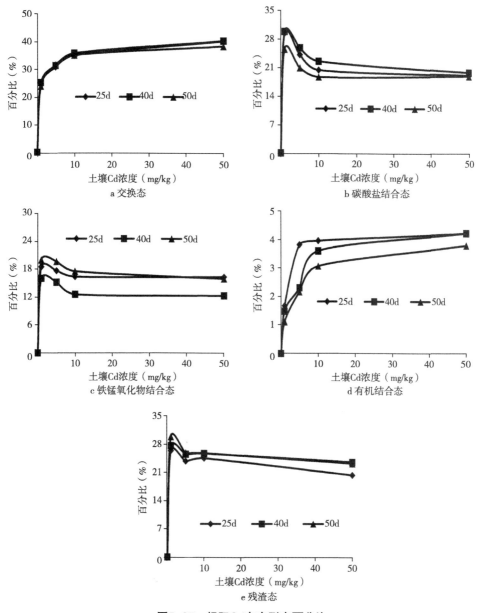

图5-27 根际Cd存在形态百分比

从图5-27e可以看出，黑麦草不同生长阶段残渣态百分比变化规律一致，均随土壤Cd浓度的增大呈先增加后降低的趋势，黑麦草不同生长阶段1mg/kg

Cd处理残渣态百分比最大；残渣态百分比随黑麦草生长时间延长而增大，生长期为25d时，残渣态百分比相对较低，生长40d和50d时残渣态百分比相当。

可见，根际土壤中交换态Cd所占百分比在黑麦草不同生长阶段无明显变化，碳酸盐结合态和有机结合态百分比随生长时间延长而减小，铁锰氧化物结合态和残渣态百分比随生长时间延长而增大，但变化幅度均不大。

5.2.12.2 非根际各形态百分比变化

（1）同一时间不同形态百分比变化。非根际同一时间不同形态Cd百分比随土壤Cd浓度变化情况见图5-28。从图5-28a可以看出，黑麦草生长25d，土壤Cd浓度为1mg/kg，非根际土壤中各形态Cd百分比依次为碳酸盐结合态>交换态>残渣态>铁锰氧化物结合态>有机结合态，土壤Cd浓度为5mg/kg和50mg/kg时，非根际土壤中各形态Cd百分比依次为交换态>碳酸盐结合态>残渣态>铁锰氧化物结合态>有机结合态，土壤Cd浓度为10mg/kg，非根际土壤中各形态Cd百分比依次为交换态>残渣态>碳酸盐结合态>铁锰氧化物结合态>有机结合态。交换态百分比随土壤Cd浓度增大呈增加趋势，分别为19.26%、20.50%、23.05%和26.47%；碳酸盐结合态所占百分比随土壤Cd浓度的增大而降低，分别为18.53%、14.03%、12.50%和9.04%；铁锰氧化物结合态百分比随土壤Cd浓度增大而降低，分别为26.03%、23.35%、18.24%和13.61%；有机结合态百分比随土壤Cd浓度增大而降低，在2.81%～3.60%，变化幅度较小；残渣态百分比随土壤Cd浓度增大而增加，分别为32.57%、38.61%、42.89%和48.07%。

从图5-28b和图5-28c可以看出，黑麦草生长40d和50d时，土壤Cd浓度为1mg/kg时，非根际土壤中各形态Cd百分比依次为残渣态>铁锰氧化物结合态>碳酸盐结合态>交换态>有机结合态；土壤Cd浓度为5mg/kg时，非根际土壤中各形态Cd百分比依次为残渣态>铁锰氧化物结合态>交换态>碳酸盐结合态>有机结合态；土壤Cd浓度为10mg/kg和50mg/kg时，非根际土壤中各形态Cd百分比依次为残渣态>交换态>铁锰氧化物结合态>碳酸盐结合态>有机结合态。在不同土壤Cd浓度下，交换态和残渣态百分比均随土壤Cd浓度增大呈增加趋势，碳酸盐结合态、铁锰氧化物结合态和有机结合态百分比均随土壤Cd浓度增大呈降低趋势。

可见，非根际土壤中Cd的主要存在形态为残渣态，所占百分比在39.1%左右，且随土壤中Cd浓度增大而增加；其次为交换态，所占百分比在22.3%左右，且随土壤Cd浓度的增大而增加；再次为铁锰氧化物结合态和碳酸盐结合态，且随土壤Cd浓度的增大而减小；以有机结合态存在的最少，百分比均小于5%，且随土壤Cd浓度增大而减小。综上所述，非根际土壤中Cd的主要存在形态为残渣态和交换态，其次为铁锰氧化物结合态和碳酸盐结合态，有机结合态最少。

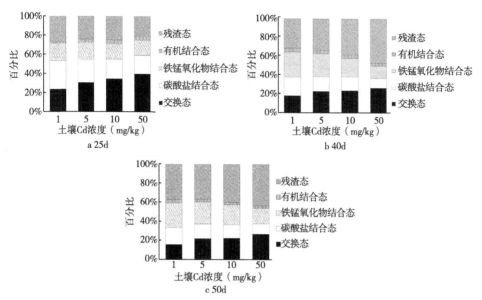

图5-28 非根际不同形态百分比随土壤Cd浓度变化情况

（2）同一形态不同时间百分比变化。非根际土壤中同一形态Cd百分比在不同时间随土壤Cd浓度变化情况见图5-29。从图5-29a可以看出，黑麦草不同生长阶段交换态百分比变化规律一致，均随土壤Cd浓度增大而增加，但不同生长阶段差距较小，其中生长40d时相对较高，其他两个生长时间交换态百分比相当。从图5-29b可以看出，黑麦草不同生长阶段碳酸盐结合态百分比变化规律一致，均随土壤Cd浓度的增大呈先增大后急剧降低的趋势；生长25d时相对较低，其他两个生长时间碳酸盐结合态百分比相当。从图5-29c可以看出，黑麦草不同生长阶段铁锰氧化物结合态百分比变化规律一致，均随土壤Cd浓度的增大呈先增加后降低的趋势；铁锰氧化物结合态百分比均随生长时间延长而增大，生长50d时相对较高，生长25d时相对略低，生长40d时介于二者之间。从图5-29d可以看出，黑麦草不同生长阶段有机结合态百分比变化规律一致，随土壤Cd浓度的增大呈先增加后降低的趋势，Cd浓度为1mg/kg时达到峰值；生长50d时有机结合态百分比相对较低，其他两个生长时间有机结合态百分比相当。从图5-29e可以看出，黑麦草不同生长阶段残渣态百分比变化规律一致，均随土壤Cd浓度的增大呈增加的趋势，生长25d时相对较高，生长40d时相对较低，生长50d时介于二者之间。

可见，非根际同一形态Cd在黑麦草不同生长阶段变化幅度较小，认为培养时间对非根际Cd形态分布影响不明显。

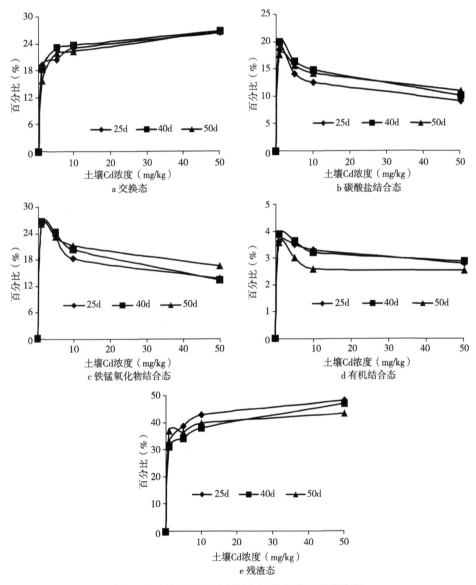

图5-29 非根际各形态百分比随土壤Cd浓度变化

5.2.13 根际、非根际Cd生物有效性系数

5.2.13.1 根际Cd生物有效性系数

不同植物生长时期根际Cd生物有效性系数变化情况见图5-30。由图5-30可以看出，黑麦草不同生长阶段根际Cd生物有效性系数均随土壤Cd浓度增大呈先增加后稳定的趋势；生长40d时生物有效性系数略高。可能是因为黑麦草生长40d时达到旺盛状态，生物活性最强，重金属的生物有效性较大。生长50d时略低，生长25d时介于二者之间。

5.2.13.2 非根际生物有效性系数

黑麦草不同生长阶段非根际生物有效性系数变化情况见图5-31。从图5-31可以看出，黑麦草不同生长阶段非根际Cd生物有效性系数均随土壤Cd浓度增大呈先增加后稳定的趋势，与根际生物有效性系数变化规律一致；生长40d时生物有效性系数略高，生长25d时略低，生长50d时介于二者之间。根际Cd生物有效性系数均高于非根际。

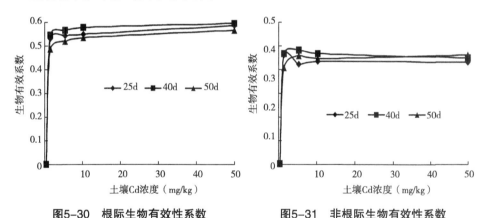

图5-30 根际生物有效性系数   图5-31 非根际生物有效性系数

5.2.14 结论

5.2.14.1 植物指标分析

黑麦草地上部干物质质量分析得出，40d为黑麦草生长旺盛阶段，1mg/kg和5mg/kg重金属Cd对黑麦草地上部干物质质量增加起促进作用，其促进作用随生长发育时间的推移而减小，10mg/kg对其作用不明显，而50mg/kg抑制黑

麦草地上部干物质质量增加，其抑制作用随生长发育时间的推移而增大。

黑麦草根系干物质质量分析得出，25～40d为黑麦草根系的旺盛生长阶段，5～10mg/kg的Cd较有利于黑麦草根系干物质质量的增加，但50mg/kg重金属Cd在黑麦草生长40～50d时，对其产生了毒害作用，限制了根系干物质质量的增加。

黑麦草株高的分析得出，重金属Cd浓度为1mg/kg、5mg/kg、10mg/kg，生长时段40d为理想组合。黑麦草对0～50mg/kg浓度范围内的重金属Cd有较强的耐受性。且黑麦草对5～10mg/kg的重金属Cd有较好的修复效果，而50mg/kg的重金属Cd对黑麦草有一定的毒害性。

通过对地上干物质质量、根系干物质质量、株高等指标的综合分析得出，重金属Cd浓度为1mg/kg、5mg/kg、10mg/kg，在黑麦草生长40d内，有利于生物量增长。

重金属Cd胁迫下，检测到黑麦草分泌的有机酸为草酸、苹果酸和冰乙酸。有机酸含量随重金属Cd浓度的增加而增大，但1～10mg/kg为有机酸的敏感增长范围。

通过对黑麦草植株中Cd含量分析得出，黑麦草植株中Cd的含量受土壤Cd浓度影响较大。根系中的Cd含量均大于植株地上部分的含量，使得根系的富集系数较地上部分大，且随生长发育时间的推移富集系数增大。研究还表明，40～50d为黑麦草修复重金属Cd的适宜时段。本研究所选黑麦草泰德可以作为重金属Cd的富集植物。

5.2.14.2　土壤指标分析

在不同浓度Cd作用下，根际土壤中检测到的有机酸为草酸和苹果酸，且随Cd浓度的增加而增大。同时对pH值的研究得出，根际土壤pH值较非根际低，且随黑麦草生长发育时间的推移而降低，随Cd浓度的增加而降低，这是重金属、有机酸等根际微环境作用的结果。

在不同浓度重金属Cd作用下，根际土壤Eh、有机质量均小于非根际。不同浓度Cd对Eh影响较小。根际和非根际土壤有机质随生长发育时间的推移而减小。不同浓度Cd对生长25d的黑麦草根际与非根际土壤有机质影响较明显。

根际土壤Cd浓度大于非根际，黑麦草生长到50d时土壤中的Cd浓度最小。随生长发育时间的推移，黑麦草吸收土壤Cd增多，土壤中残留Cd减少。综合土壤指标分析得出，Cd浓度为5~10mg/kg，生长时段为40~50d，黑麦草即可以充分吸收土壤营养元素，也可以最大限度的吸收Cd，因此从土壤指标的角度分析得出，Cd浓度为5~10mg/kg，生长时段40~50d为理想组合，对于植株生长指标的分析也得出相似结论。

　　非根际与根际一致，土壤中Cd的主要存在形态为交换态和残渣态，其次为碳酸盐结合态和铁锰氧化物结合态，有机结合态最少。培养时间对根际和非根际Cd形态分布均无明显影响。根际交换态和碳酸盐结合态百分比均大于非根际；根际铁锰氧化物结合态和残渣态百分比均小于非根际，根际和非根际有机结合态百分比间的差异与土壤Cd浓度有关。根际Cd生物有效性系数均随土壤Cd浓度增大呈先增加后稳定趋势，生长时间为40d的处理生物有效性系数相对略高，生长时间为50d的处理相对略低。非根际Cd生物有效性系数均随土壤Cd浓度增大呈先增加后稳定的趋势，生长时间为40d的处理生物有效性系数相对略高，生长时间为25d的处理相对略低。根际Cd生物有效性系数高于非根系。

6 土培条件外源有机酸对黑麦草修复镉污染的诱导机制

6.1 试验材料与方法

试验设计重金属Cd的浓度为50mg/kg，加入6种有机酸（EDTA、草酸、冰乙酸、丙二酸、酒石酸、苹果酸），5个浓度（1mmol/kg、3mmol/kg、5mmol/kg、6mmol/kg、7mmol/kg）。不加有机酸为对照处理，每个处理设3次重复。

采用根袋进行盆栽试验，盆钵高18cm，直径13cm，土样过2mm筛后施入尿素、磷酸二氢钾，硝酸钾作为底肥（按照盆栽标准：N为150mg/kg，P_2O_5为100mg/kg，K_2O为300mg/kg。重金属Cd以$CdCl_2$形式加入，充分混匀，然后从中取250g土壤装入根袋中，再将根袋埋入装有同样土壤的盆钵中（2kg/盆），装盆前把小砾石、尼龙网等全部放入盆内，以确定皮重，若各盆重量不相等，可用小砾石和沙子调整皮重，使各盆重量相等，这样可以保证各盆的毛重完全一致，便于生长过程中称重计算灌水量。将盆底的孔盖好，上面加盖细砾石和粗沙。沙砾上覆一层尼龙纱布，以防止土粒塞满沙砾空隙，然后装土。装土时要注意分层压紧，并使各盆的紧实度保持一致。土壤紧实度不能过紧或过松，土面距盆口应留2~4cm，以便浇水。土壤装好后灌水使其充分饱和，等土壤湿度适宜时播黑麦草种子，出苗后每袋定苗15株。植物生长过程中采用称重法每天浇入去离子水，使土壤湿度达到田间持水量的70%。收获时，调节盆中土壤的湿度，使根系能够较疏松地从根袋中完整取出，轻轻抖掉土壤，所抖掉的土壤为根际土。盆内根袋2cm外的土为非根际土壤。

黑麦草生长到30d时加入不同种类不同浓度的有机酸，生长50d时收获黑麦草。

测定项目为：土样分为根际土和非根际土，测定有机酸种类、有机酸数量、重金属含量、重金属形态、重金属吸附—解析特性、土壤硝态氮、铵态氮、P、K、EC、pH值、Eh。植物样分地上部分和地下部分，测定植株株高、干物质质量、重金属含量。收集根系分泌物，测定其中的有机酸种类及含量。

6.2　结果与分析

6.2.1　黑麦草干物质质量和耐性指数对有机酸的响应

图6-1为不同有机酸作用下10棵黑麦草地上干物质质量变化情况。由图6-1可知，一是加入草酸时，黑麦草地上干物质质量随草酸浓度的增加而增大，在5mmol/kg时达最大，其后随浓度的增加而减小，7mmol/kg最小，但所有处理均大于对照处理，即加入草酸促进黑麦草干物质质量的增加，其中5mmol/kg的浓度最利于黑麦草干物质质量的增加；加入丙二酸时，浓度小于5mmol/kg时稍大于对照处理，对黑麦草干物质质量影响较小，大于5mmol/kg时促进黑麦草干物质质量增加的程度增大；加入冰乙酸时，6mmol/kg处理地上干物质质量最大，最有利于地上干物质质量的增加；加入酒石酸时，小于5mmol/kg的浓度对黑麦草干物质质量几乎没有影响，大于5mmol/kg时，随浓度的增加干物质质量迅速减小，即限制了黑麦草干物质质量的增加；加入苹果酸和酒石酸的效果较接近。综上，加入不同浓度的草酸对黑麦草干物质质量的影响较大，5mmol/kg最有利于黑麦草干物质质量的增加。其他有机酸对黑麦草干物质质量的影响较小，只有大于5mmol/kg有相对明显的影响。因此从黑麦草干物质质量增加的角度分析，5mmol/kg的草酸是最适合的组合。二是相同浓度不同有机酸分析表明，有机酸浓度为1mmol/kg和3mmol/kg时，草酸>EDTA>丙二酸>酒石酸>苹果酸>冰乙酸；5mmol/kg，草酸>丙二酸>酒石酸>苹果酸>EDTA=冰乙酸；6mmol/kg，草酸>丙二酸>冰乙酸>EDTA>苹果酸>酒石酸；7mmol/kg，草酸>丙二酸>冰乙酸>EDTA>酒石酸>苹果酸。因此，不同浓度草酸最有利于黑麦草干物质质量的增加。

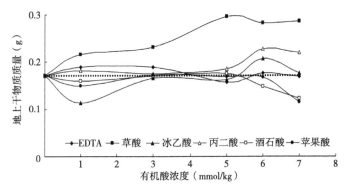

图6-1　有机酸作用下黑麦草地上干物质质量

图6-2为不同有机酸作用下10棵黑麦草根系干物质质量变化情况，相同浓度不同有机酸条件下黑麦草根系干物质质量的变化规律为EDTA<草酸<冰乙酸≈苹果酸<丙二酸<酒石酸。EDTA和草酸处理的根系干物质质量较接近，苹果酸和冰乙酸较接近。EDTA和草酸处理的根系干物质质量远远小于其他有机酸处理。除了草酸和EDTA外，其他不同浓度有机酸处理的根系干物质质量均大于对照处理，即不同浓度的草酸和EDTA对黑麦草根系有一定限制作用，一定程度上限制了黑麦草根系的生长，但其他不同浓度有机酸的存在均促进黑麦草根系的生长。尽管不同有机酸对黑麦草根系的影响程度不同，但不同有机酸浓度对黑麦草根系干物质质量的影响较小。

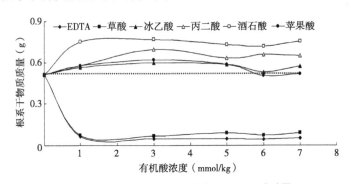

图6-2　有机酸作用下黑麦草根系干物质质量

表6-1为不同有机酸不同浓度作用下黑麦草根系的耐性指数，不同浓度EDTA和草酸的根系耐性指数均小于0.5，即加入EDTA和草酸后减小了黑麦草根系的耐性指数，表明重金属对黑麦草根系的毒性增强。加入其他有机酸时，根系的耐性指数均大于0.5，即加入苹果酸、冰乙酸、丙二酸、酒石酸使得黑

麦草根系对50mg/kg的重金属Cd有很好的耐性，且根系耐性指数的大小顺序为苹果酸<冰乙酸（1mmol/kg和3mmol/kg除外）<丙二酸<酒石酸，即酒石酸的耐性指数最大。不同有机酸浓度对根系耐性指数的影响较小。

表6-1　不同有机酸条件下黑麦草根系耐性指数

有机酸种类	1	3	5	6	7
EDTA	0.125	0.089	0.088	0.086	0.102
草酸	0.143	0.128	0.172	0.144	0.170
苹果酸	1.123	1.204	1.136	0.986	1.009
冰乙酸	1.100	1.168	1.137	1.034	1.111
丙二酸	1.121	1.350	1.234	1.284	1.264
酒石酸	1.466	1.496	1.422	1.399	1.473

6.2.2　黑麦草株高对有机酸的响应

图6-3为不同有机酸不同浓度作用下黑麦草株高。有机酸浓度为1mmol/kg和3mmol/kg时，株高的变化规律为酒石酸>苹果酸>丙二酸>冰乙酸>EDTA>草酸。浓度为5mmol/kg时，草酸小于EDTA，小于其他有机酸处理，其他有机酸间差别较小。浓度为6mmol/kg时，草酸和EDTA间差距较小，苹果酸>丙二酸>酒石酸=冰乙酸。浓度为7mmol/kg时，苹果酸>丙二酸>酒石酸=冰乙酸>草酸>EDTA。

相同有机酸不同浓度对黑麦草株高的影响不明显。总体上EDTA和草酸对黑麦草株高的影响较明显，其他有机酸对黑麦草株高影响不明显，即不同浓度的草酸和EDTA对黑麦草株高有一定的限制作用。

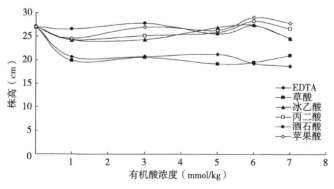

图6-3　不同有机酸作用下黑麦草株高变化

6.2.3 黑麦草根系分泌有机酸

不同有机酸作用下，通过原位收集到黑麦草根系分泌的有机酸主要为草酸、酒石酸和苹果酸（表6-2）。不同处理根系分泌草酸的规律为：不同浓度苹果酸、冰乙酸、酒石酸和丙二酸处理后，黑麦草根系分泌草酸的变化曲线均呈抛物线型，即随有机酸（苹果酸、冰乙酸、酒石酸和丙二酸）浓度的增加，黑麦草根系分泌草酸增加，3mmol/kg达最大值，其后随浓度的增加而减小；不同浓度草酸处理后，黑麦草根系分泌草酸量较少，且随草酸浓度的变化不明显；不同浓度EDTA处理后黑麦草根系分泌草酸的量最少，随浓度变化也较小。总体上，EDTA处理分泌的草酸最少，其次是草酸、丙二酸、酒石酸、冰乙酸、苹果酸。不同浓度苹果酸处理后黑麦草分泌的草酸最多。

不同处理根系分泌酒石酸的规律为：不同浓度EDTA处理后，黑麦草根系分泌的酒石酸随EDTA浓度的增加有减小的趋势，EDTA浓度为7mmol/kg时检测不到酒石酸。不同浓度草酸和丙二酸处理后黑麦草根系分泌酒石酸的浓度随草酸浓度的增加而增大，但丙二酸处理黑麦草根系分泌的酒石酸含量大于草酸处理；不同浓度冰乙酸和酒石酸处理后黑麦草根系分泌酒石酸仅存在于1mmol/kg和3mmol/kg的浓度。不同浓度苹果酸处理后检测不到酒石酸。总体上丙二酸处理黑麦草根系分泌的酒石酸含量最大。

不同处理根系分泌苹果酸的规律为：EDTA和酒石酸处理后原位收集后检测不到苹果酸，只有草酸、冰乙酸、丙二酸和苹果酸处理后黑麦草根系分泌苹果酸。不同浓度草酸处理后黑麦草根系分泌苹果酸在大于3mmol/kg的范围内存在，且随草酸浓度的增加根系分泌的苹果酸增大；不同浓度冰乙酸和丙二酸处理后黑麦草根系分泌的苹果酸随冰乙酸和丙二酸浓度的增加而增大，但丙二酸处理大于草酸处理大于冰乙酸处理；不同浓度苹果酸处理后黑麦草根系分泌苹果酸随浓度的增加而减小。

表6-2　不同有机酸条件下黑麦草根系分泌有机酸

处理		1	3	5	6	7
EDTA	草酸	2 044.24	1 549.86	2 050.96	2 191.39	2 598.72
	酒石酸	380.56	99.67	80.56	86.44	—
	苹果酸	—	—	—	—	—
草酸	草酸	2 765.26	3 502.25	3 396.87	4 189.26	2 731.31

（续表）

处理		1	3	5	6	7
草酸	酒石酸	128.44	175.11	174.11	180.00	188.00
	苹果酸		148.57	190.78	292.92	312.10
冰乙酸	草酸	4 808.80	6 249.72	6 000.00	5 358.94	4 375.96
	酒石酸	222.67	178.67	—	—	—
	苹果酸	105.17	115.97	130.89	164.14	191.32
丙二酸	草酸	4 767.98	5 485.00	5 080.00	5 080.00	3 577.00
	酒石酸	315.11	319.11	323.11	365.00	389.33
	苹果酸	159.39	304.53	315.84	332.91	348.33
酒石酸	草酸	5 358.00	5 901.33	5 258.54	5 279.22	4 793.48
	酒石酸	302.22	187.33	—	—	—
	苹果酸	—	—	—	—	—
苹果酸	草酸	5 605.64	6 823.03	6 080.00	5 284.41	3 558.83
	酒石酸	—	—	—	—	—
	苹果酸	515.64	345.17	277.61	246.47	200.83

6.2.4　植株Cd含量和富集系数对有机酸的响应

　　图6-4为不同有机酸不同浓度作用下黑麦草植株中Cd含量的分布。由图6-4可知，黑麦草根系中的Cd含量均大于地上部分，且差距较大，即重金属在黑麦草体内的分布是在新陈代谢旺盛的器官（根系）蓄积量较大，而在营养存储器官茎叶中蓄积量则较小。

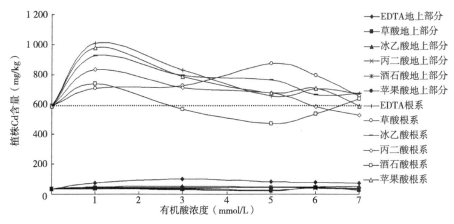

图6-4　不同有机酸作用下黑麦草植株Cd含量

图6-5和图6-6为不同有机酸不同浓度作用下黑麦草地上部分和根系中重金属Cd含量的变化曲线。由图6-5可知，相同浓度不同有机酸地上部分Cd含量的变化规律为EDTA>冰乙酸>苹果酸>丙二酸>酒石酸>草酸，即EDTA处理地上部分Cd含量最大，草酸处理地上部分Cd含量最小。螯合剂EDTA能促进黑麦草地上部分Cd含量的增加，而且增加效果较其他有机酸明显。

同一有机酸不同浓度的变化规律为：对于EDTA，随加入EDTA浓度的增加地上部分Cd含量呈抛物线型变化，浓度为3mmol/kg时达最大，其后随EDTA浓度的增加而降低；冰乙酸、苹果酸和丙二酸处理地上部分Cd含量较接近，且有机酸不同浓度对黑麦草地上部分Cd含量影响较小，即不同浓度间地上部分Cd含量差距较小；酒石酸和草酸地上部分Cd含量较接近，随有机酸浓度的增加，地上部分Cd含量先减小后增大，5mmol/kg时最小，其后随有机酸浓度的增加而增大，6mmol/kg最大，其后又减小，即5mmol/kg草酸和酒石酸一定程度上限制了黑麦草地上部分Cd含量的增加。

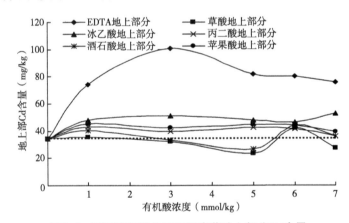

图6-5 不同有机酸作用下黑麦草地上部分Cd含量

图6-6为不同有机酸不同浓度作用下根系重金属Cd含量，除草酸外，EDTA、苹果酸、冰乙酸、丙二酸和酒石酸均在1mmol/kg处达到最大，其后随有机酸浓度的增加而减小。草酸处理根系重金属Cd含量随浓度的增加而增大，在5mmol/kg处达到最大，其后逐渐减小。

根系重金属Cd含量表现为：1mmol/kg时，EDTA>苹果酸>冰乙酸>丙二酸>酒石酸>草酸；3mmol/kg时，EDTA>冰乙酸>苹果酸>草酸>丙二酸>酒石酸；5mmol/kg时，草酸>冰乙酸>丙二酸=苹果酸>EDTA>酒石酸；6mmol/kg

时，草酸＞苹果酸＞EDTA＞冰乙酸＞丙二酸＞酒石酸；7mmol/kg时，冰乙酸=草酸=酒石酸=EDTA＞苹果酸＞丙二酸。在1~3mmol/kg的浓度范围内，EDTA、苹果酸和冰乙酸的加入有利于黑麦草根系吸收重金属Cd，5~7mmol/kg的浓度范围内，草酸最有利于黑麦草根系吸收重金属Cd。

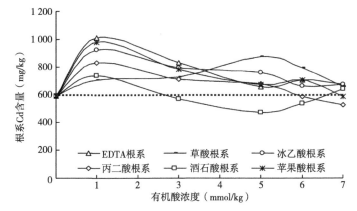

图6-6　不同有机酸作用下黑麦草根系Cd含量

　　不同有机酸不同浓度作用下黑麦草不同部位的富集系数如表6-3所示，根系的富集系数较地上部分大。不同有机酸作用下根系富集系数几乎均大于10，可见黑麦草泰德根系有很好的富集效果，有作为重金属Cd富集植物的潜力。低浓度范围（1~3mmol/kg），EDTA和冰乙酸对黑麦草根系富集Cd的促进作用较明显，高浓度范围（5~7mmol/kg），草酸对富集效果的促进作用较明显。

　　相比于根系富集系数，地上部分富集系数要小得多，除了EDTA各个浓度大于1外，其他有机酸不同浓度处理黑麦草地上部分的富集系数几乎均小于1，其中冰乙酸较接近1，其他处理均在0.5~1.0，即EDTA的存在促进黑麦草地上部分重金属Cd含量的增加，其次是冰乙酸。

表6-3　不同有机酸作用下黑麦草不同部位的富集系数

	浓度	1	3	5	6	7
	EDTA	1.487	2.023	1.634	1.608	1.518
地上部分	草酸	0.709	0.639	0.465	0.839	0.550
	冰乙酸	0.964	1.026	0.960	0.929	1.054
	丙二酸	0.864	0.791	0.846	0.827	0.717

（续表）

	浓度	1	3	5	6	7
地上部分	酒石酸	0.803	0.665	0.535	0.884	0.723
	苹果酸	0.906	0.851	0.892	0.885	0.782
根系	EDTA	20.171	16.592	13.131	14.093	13.467
	草酸	14.105	14.502	17.476	15.901	13.093
	冰乙酸	18.496	15.878	15.231	13.294	13.414
	丙二酸	16.651	14.248	13.526	11.718	10.577
	酒石酸	14.766	11.379	9.438	10.720	12.784
	苹果酸	19.518	15.690	13.504	14.131	11.777

6.2.5 土壤有机酸分析

图6-7为不同有机酸作用下根际与非根际土壤中草酸的分布情况。由图6-7可知，根际土壤中的草酸大于非根际土壤中的草酸含量。所不同的是不同有机酸处理后变化规律不同。加入冰乙酸后根际与非根际土壤中草酸的变化规律为，随加入冰乙酸浓度的增加，根际和非根际土壤中草酸含量有轻微增加的趋势，根际土壤中草酸在5mmol/kg时达到最大，其后逐渐减小，而非根际土壤中草酸含量在6mmol/kg时达到最大，根际与非根际存在的差异可能是由于冰乙酸浓度为5mmol/kg时，根系分泌的草酸没有对非根际土壤造成影响，但浓度增加到6mmol/kg后，通过水分等物质的运移根际土壤中的草酸开始对非根际土壤产生影响，即非根际土壤的变化有一定的滞后性。

加入丙二酸后根际与非根际土壤中草酸含量的变化规律为：根际土壤草酸含量随丙二酸浓度的增加有减小的趋势。而非根际土壤中草酸的变化较平缓，小于5mmol/kg范围内几乎没有变化，且根际和非根际土壤中草酸含量的差距随加入丙二酸浓度的增加而减小。

加入酒石酸后根际与非根际土壤草酸含量的变化规律为：小于5mmol/kg的范围内，根际土壤中草酸含量随加入酒石酸浓度的增加而增大，其后随酒石酸浓度的增加而减小，即小于5mmol/kg的酒石酸对黑麦草根系分泌草酸有促进作用，但浓度大于5mmol/kg反而限制草酸的分泌，而非根际土壤草酸含量变幅较小。

加入苹果酸后根际与非根际土壤草酸含量的变化规律为：无论是根际还

是非根际土壤中草酸含量均随加入苹果酸浓度的增加而减小，浓度在1mmol/kg时达最大值。可见1mmol/kg的苹果酸促进黑麦草根系分泌草酸，但大于1mmol/kg时不利于黑麦草根系分泌草酸。

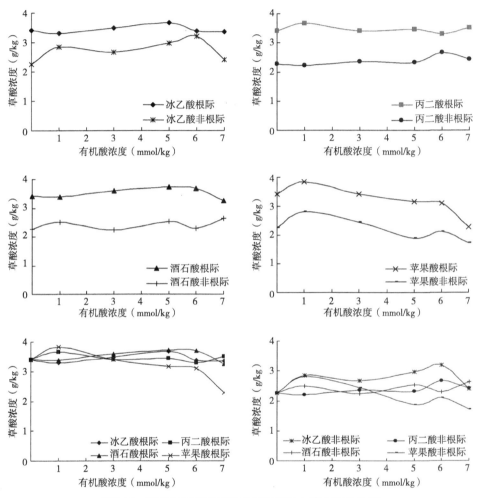

图6-7　不同有机酸处理根际与非根际土壤中草酸分布

对比不同有机酸处理后根际与非根际土壤中草酸的变化得出，酒石酸和冰乙酸处理根际土壤中草酸的含量较相近，即随有机酸浓度的增加根际土壤中草酸含量有增加的趋势，但酒石酸稍大于冰乙酸，6mmol/kg为一个分界点，大于这个分界点差距开始增大。有机酸浓度为1mmol/kg时，苹果酸的加入最有利于黑麦草根际草酸的增加，有机酸浓度为3mmol/kg时，不同有机酸间差距较小。有机酸浓度为5～6mmol/kg范围内，酒石酸最有利于黑麦草根际草酸的增加，有机酸浓度为7mmol/kg时，丙二酸最有利于根际土壤草酸的增加。对于非根际土壤中草酸的含量分析得出，冰乙酸的加入最有利于非根际土壤中草酸的增加，其他处理的影响规律不明显。

图6-8为不同有机酸作用下根际与非根际苹果酸的分布情况。由图6-8可知，根际土壤中的苹果酸大于非根际土壤中苹果酸含量。其中加入冰乙酸后根际与非根际土壤中苹果酸的变化规律为：根际土壤中苹果酸含量减小，但随加入冰乙酸浓度的增加，苹果酸含量逐渐增加，到5mmol/kg时大于对照处理，即当冰乙酸浓度大于5mmol/kg时，对黑麦草根系分泌苹果酸有促进作用，小于5mmol/kg时，抑制黑麦草根系分泌苹果酸。但非根际土壤中苹果酸含量变幅较平缓，在5mmol/kg时达最大值，即对非根际土壤中苹果酸的变化影响较小，且根际和非根际土壤中苹果酸含量的差距逐渐增大。

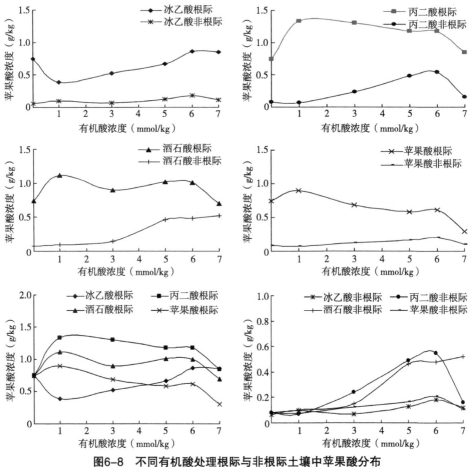

图6-8　不同有机酸处理根际与非根际土壤中苹果酸分布

加入丙二酸后根际与非根际土壤中苹果酸含量的变化规律为：根际土壤中苹果酸含量在1mmol/kg时最大，其后随丙二酸浓度的增加而减小，大于对照处理，即1mmol/kg丙二酸最有利于黑麦草根际土壤中苹果酸的增加，随浓度的增加促进作用减弱。且根际和非根际土壤中苹果酸含量的差距逐渐减小。加入酒石酸和苹果酸后根际与非根际土壤苹果酸含量的变化规律与加入丙二酸处理一致。

对比不同有机酸处理后根际与非根际土壤中苹果酸的变化得出，对于根际土壤，丙二酸处理最有利于促进黑麦草根际苹果酸的增加。对于非根际土壤，0~1mmol/kg范围内，各有机酸处理差别较小，1~6mmol/kg范围内，丙二酸处理最大，7mmol/kg时，酒石酸最大。

6.2.6 有机酸对土壤pH值的影响

图6-9为不同有机酸作用下根际与非根际土壤中pH值的分布。由图6-9可知，根际pH值小于非根际，所不同的是各处理随浓度变化规律有所不同。对于EDTA处理，根际土壤pH值随浓度EDTA浓度的增加而减小，3mmol/kg时达到最小值，其后随浓度的增加而增大。非根际土壤pH值变化规律与根际一致。对于草酸处理，根际土壤pH值随浓度的增加而减小，6mmol/kg达到最小，7mmol/kg时迅速增大。可见小于6mmol/kg的草酸刺激黑麦草根系分泌物增加，进而调节根际土壤的微环境，降低土壤pH值。而非根际土壤pH值的变幅较小，草酸的施入对非根际土壤的pH值影响较小；对于冰乙酸处理，根际土壤pH值在1mmol/kg处最大，其后随浓度的增加而减小，而非根际土壤pH值随冰乙酸浓度的增加有增加的趋势。且根际和非根际土壤pH值差距随浓度的增加而增大，即冰乙酸的存在对根际和非根际土壤pH值的影响随浓度的增加而增大；对于酒石酸处理，酒石酸浓度小于5mmol/kg的范围内，随酒石酸浓度的增加变化幅度较小，当大于5mmol/kg时，随浓度的增加pH值迅速增大，而非根际土壤pH值变幅较小，酒石酸的加入对非根际土壤pH值几乎没有影响；对于丙二酸处理，根际土壤pH值在1mmol/kg时达到最小，其后随浓度的增加而增大，而非根际土壤随浓度的增加而增大；对于苹果酸处理，根际和非根际土壤pH值均随浓度的增加有增加趋势。

不同有机酸处理对比分析得出，苹果酸处理根际土壤pH值最大，草酸最小（1mmol/kg例外），酒石酸处理变化与苹果酸一致，表现为苹果酸>酒石酸>

冰乙酸>EDTA>草酸。非根际土壤pH值大小的顺序为苹果酸>丙二酸>酒石酸=冰乙酸>EDTA>草酸。不同处理根际与非根际土壤pH值大小变化规律相近。

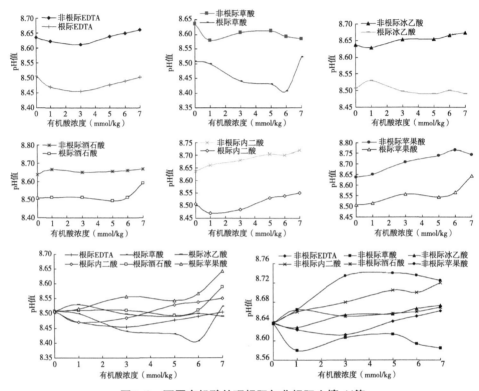

图6-9　不同有机酸处理根际与非根际土壤pH值

6.2.7　有机酸对土壤EC的影响

图6-10为不同有机酸作用下根际与非根际土壤EC的分布。由图6-10可知，根际EC大于非根际。所不同的是各处理随浓度变化规律有所不同。对于EDTA处理，随加入EDTA浓度的增加，土壤根际与非根际土壤的EC均增大，EDTA浓度为6mmol/kg时达到最大，其后减小，即6mmol/kg的EDTA处理根际及非根际土壤盐分的累积最大；对于草酸处理，根际土壤EC随加入草酸浓度的增加而增大，草酸浓度为5mmol/kg时，根际土壤EC达到最大，其后随浓度的增加逐渐减小。而非根际土壤EC随浓度的增加而减小，在5mmol/kg时最小，其后逐渐增大，与根际土壤EC的变化规律正好相反。对于冰乙酸处理，不同处理间差距较小，3mmol/kg处理根际土壤EC最大，根际与非根际土壤中

EC的变化正好相反；对于丙二酸处理，根际土壤EC随浓度的增加有轻微的增加趋势，丙二酸浓度为3mmol/kg时达到最大，其后逐渐减小，6mmol/kg时达到最小，非根际土壤EC与根际相反；对于酒石酸处理，随加入酒石酸浓度的增加根际土壤EC增大，5mmol/kg时达到最大，其后随浓度的增加而减小，非根际土壤EC变化与根际土壤相反；对于苹果酸处理，1mmol/kg时最大，其后随加入苹果酸浓度的增加，根际土壤EC减小，非根际土壤EC与根际相反。

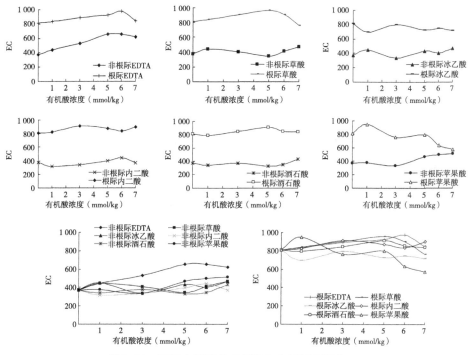

图6-10 不同有机酸处理根际与非根际土壤中EC

对比不同有机酸处理后根际与非根际土壤EC可以看出，根际土壤EC的变化规律为：有机酸浓度为1mmol/kg时，苹果酸处理最大，冰乙酸最小，其他处理间差距较小。有机酸浓度为3mmol/kg时，苹果酸<冰乙酸<酒石酸，EDTA处理、草酸处理、丙二酸处理相近。有机酸浓度为5mmol/kg时，草酸>EDTA>酒石酸>丙二酸>苹果酸>冰乙酸。有机酸浓度为6mmol/kg时，EDTA>草酸>酒石酸>丙二酸>冰乙酸>苹果酸。有机酸浓度为7mmol/kg时，丙二酸>EDTA>酒石酸>草酸>冰乙酸>苹果酸。总体上苹果酸处理不同浓度间变幅较大，随浓度减小，1mmol/kg最大，7mmol/kg最小。冰乙酸处理较其他处理相对较小。其余有机酸处理差距较小。总体变化趋势均为随浓度的增加有增大的趋势，在高浓度减小（6～7mmol/kg）。

非根际土壤EC的变化规律为：有机酸浓度为1mmol/kg时，EDTA=草酸=冰乙酸>苹果酸>酒石酸>丙二酸，但各处理间差距较小。有机酸浓度为3mmol/kg时，EDTA>草酸>酒石酸=冰乙酸=苹果酸=丙二酸。有机酸浓度为5mmol/kg时，EDTA>苹果酸>冰乙酸>丙二酸>草酸>酒石酸。有机酸浓度为6mmol/kg时，EDTA>苹果酸>丙二酸>草酸>冰乙酸>酒石酸。有机酸浓度为7mmol/kg时，EDTA>苹果酸>草酸>冰乙酸>酒石酸>丙二酸。总体上EDTA处理，非根际土壤EC最大，低浓度（≤3mmol/kg）时丙二酸最小，高浓度（>3mmol/kg）时酒石酸最小。

6.2.8　有机酸对土壤Eh的影响

图6-11为不同有机酸作用下根际与非根际土壤Eh的变化，根际土壤Eh较非根际小，但差距较小，大多数处理小于对照处理。不同有机酸处理随浓度变化规律稍有不同。对于EDTA处理，随加入EDTA浓度的增加，根际与非根际土壤Eh减小，5mmol/kg时达到最小，其后又有所增加。草酸处理根际与非根际土壤Eh变化规律与EDTA处理相似，均在5mmol/kg达到最小，但减小的幅度较EDTA处理小。冰乙酸处理根际与非根际土壤Eh变化规律与EDTA处理相近，所不同的是在4mmol/kg达到最小，且根际与非根际土壤Eh差距较小。对于丙二酸处理，根际与非根际土壤Eh均随加入丙二酸浓度的增加而减小。对于酒石酸处理，浓度为1mmol/kg时达到最小，其后随酒石酸浓度的增加而增大，6mmol/kg时达到最大。对于苹果酸处理，根际与非根际土壤Eh变化规律和丙二酸处理相似，均随加入有机酸浓度的增加而减小，但减小幅度较丙二酸稍大。

对比不同有机酸处理后黑麦草根际与非根际土壤Eh变化得出，根际土壤不同处理分布规律为：1mmol/kg时，EDTA>草酸>丙二酸=冰乙酸>苹果酸>酒石酸；3mmol/kg时，草酸>EDTA>丙二酸>冰乙酸>苹果酸>酒石酸；5mmol/kg时，冰乙酸>丙二酸>草酸>酒石酸>苹果酸>EDTA；6mmol/kg时，酒石酸>冰乙酸>草酸>丙二酸>EDTA>苹果酸；7mmol/kg时，草酸>EDTA>酒石酸>冰乙酸>丙二酸>苹果酸。总体上，低浓度（1～3mmol/kg），EDTA和草酸处理最有利于根际土壤Eh的增加，酒石酸对根际土壤Eh的限制性最大。高浓度（5～7mmol/kg）苹果酸对根际土壤Eh的限制性最大。

对于非根际土壤不同处理Eh的分布规律为：草酸、EDTA、冰乙酸和苹果酸处理变化规律较一致，均随有机酸浓度的增加先减小后增大，且草酸和EDTA较接近，EDTA略大于草酸。1～3mmol/kg范围内，冰乙酸和苹果酸较接近，5～7mmol/kg的范围内冰乙酸大于苹果酸。这几个处理的差别是最低点不同，EDTA、草酸和苹果酸均在6mmol/kg时达到最小值，而冰乙酸则在3mmol/kg时达到最小值。丙二酸处理各浓度间差距较小，即丙二酸的不同浓度对非根际土壤Eh影响较小。总体上非根际土壤Eh表现为EDTA>草酸>冰乙酸>苹果酸，而丙二酸和酒石酸介于草酸和冰乙酸之间（除1mmol/kg和6mmol/kg外）。

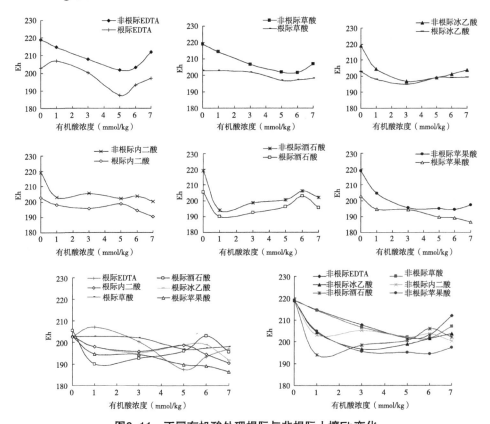

图6-11　不同有机酸处理根际与非根际土壤Eh变化

6.2.9 有机酸对土壤速效钾的影响

图6-12为不同有机酸作用下根际与非根际土壤速效钾分布。由图6-12可知，根际土壤速效钾小于非根际，这可能是由于黑麦草根系吸收营养元素。对于EDTA处理，1mmol/kg时，达最大值，其后随加入EDTA浓度的增加而减小，6mmol/kg达到最小值，即1~6mmol/kg的浓度范围内，随EDTA浓度的增加黑麦草吸收速效钾的量增大。对于草酸处理，根际与非根际速效钾在1mmol/kg达到最大，其后随浓度的增加而减小，5mmol/kg降到最小，其后随草酸浓度的增加而增大，即加入5mmol/kg的草酸最有利于黑麦草吸收土壤中

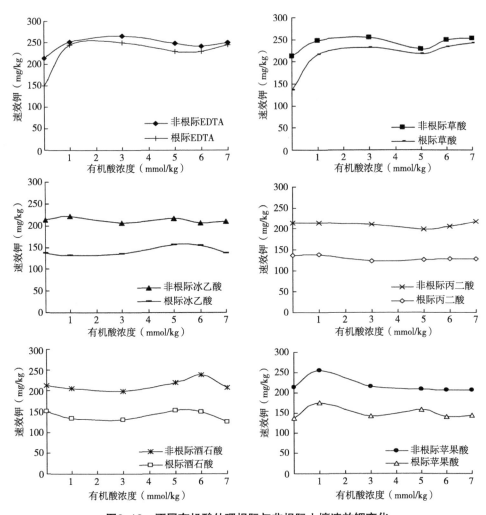

图6-12 不同有机酸处理根际与非根际土壤速效钾变化

的速效钾。冰乙酸和丙二酸处理，随有机酸浓度的增加变幅较小。对于酒石酸处理，随酒石酸浓度的增加速效钾先减小后增大，6mmol/kg时达到最大，但除了6mmol/kg外，其他浓度处理的变幅较小。对于苹果酸处理，1mmol/kg浓度时根际与非根际土壤速效钾最大，其后随浓度增加而减小。

对比不同有机酸处理后根际土壤速效钾变化规律为：EDTA>草酸>苹果酸>冰乙酸>酒石酸>丙二酸，但苹果酸、冰乙酸、酒石酸和丙二酸处理间较相近。对于非根际土壤速效钾的大小顺序为EDTA>草酸>苹果酸>冰乙酸>丙二酸>酒石酸（除6~7mmol/kg），但冰乙酸和丙二酸处理间差距较小。

6.2.10 有机酸对土壤速效磷的影响

图6-13为不同有机酸作用下根际与非根际土壤速效磷的变化曲线。由图6-13可知，根际速效磷小于非根际，对于EDTA处理，随加入EDTA浓度的增加先增大后减小，EDTA浓度为3mmol/kg时达到最大，其后随浓度的增加而减小，EDTA浓度为5mmol/kg时最小，但其后随浓度的增加又逐渐增大，不同浓度EDTA处理后的速效磷均大于对照处理。对于草酸处理，随加入草酸浓度的增加，速效磷增大，浓度为3mmol/kg时，达到最大，其后随浓度的增加逐渐减小。总体上，根际与非根际土壤速效磷随加入草酸浓度的增加变化幅度较小，但不同浓度草酸处理后速效磷均大于对照处理。对于冰乙酸处理，浓度小于3mmol/kg的范围内，非根际土壤速效磷随有机酸浓度的增加而减小，大于3mmol/kg的范围内，变幅较小。根际土壤速效磷随加入冰乙酸浓度的增加而增大，6mmol/kg时达到最大，但根际土壤速效磷与对照处理相差不大。对于丙二酸处理，随丙二酸浓度的增加，根际土壤速效磷有减小的趋势，浓度为1mmol/kg时，根际土壤速效磷最大，其后随丙二酸浓度的增加逐渐减小，7mmol/kg时降到最小，除了1mmol/kg外，其他浓度的速效磷均小于对照处理，即除了1mmol/kg外，加入3~7mmol/kg的丙二酸有利于促进黑麦草根际速效磷的减小。而非根际土壤速效磷在丙二酸浓度为1mmol/kg和7mmol/kg时较大，其他浓度较接近。对于酒石酸处理，随加入酒石酸浓度的增加，根际土壤速效磷变幅较小，但各处理根际土壤速效磷均小于对照处理，即加入不同浓度的酒石酸可促进黑麦草根际土壤速效磷减小，但减小的幅度较小。而非根际土壤速效磷随加入酒石酸浓度的增加有增长的趋势，7mmol/kg达最大值。对于苹果酸处理，根际土壤速效磷随加入苹果酸浓度的增加变化幅度较小。但非根

际土壤速效磷在1mmol/kg时达到最大，其后随苹果酸浓度的增加而减小。

对比不同有机酸处理后根际土壤速效磷可以看出，EDTA处理最大，其次为草酸处理，其他处理较接近。所有处理中酒石酸（6mmol/kg除外）小于对照处理，丙二酸（1mmol/kg除外）小于对照处理，苹果酸6~7mmol/kg浓度范围内小于对照处理，即酒石酸（6mmol/kg除外）、丙二酸（1mmol/kg除外）、苹果酸6~7mmol/kg可促进黑麦草根际速效磷减小，其他均大于对照处理。对于非根际土壤速效磷，苹果酸最大，其次为EDTA处理和草酸处理。丙二酸和冰乙酸较接近，较其他处理相对小一些。

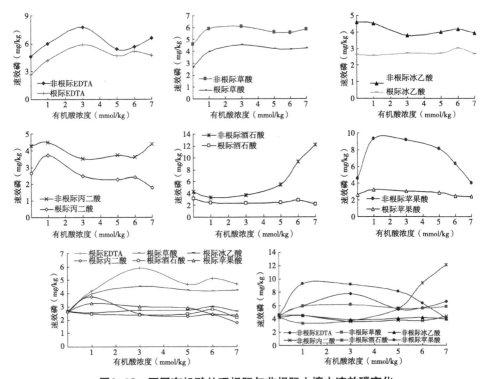

图6-13　不同有机酸处理根际与非根际土壤中速效磷变化

6.2.11　有机酸对土壤硝态氮的影响

图6-14为不同有机酸作用下根际与非根际土壤硝态氮变化的对比曲线。由图6-14可知，根际土壤硝态氮大于非根际。对于EDTA处理，随加入EDTA浓度的增加，根际土壤硝态氮减小，5mmol/kg时降到最小，其后随EDTA浓度的增加而增大。而非根际土壤硝态氮变化规律正好和根际相反，即随EDTA浓

度的增加而增大，5mmol/kg达到最大，其后逐渐减小。这是由于土壤中氮含量是一定的，根际土壤中硝态氮变小时，非根际会适当增大一些。对于草酸处理，随加入草酸浓度的增加，根际土壤硝态氮增大，尤其是5~7mmol/kg范围内增长较大，而非根际土壤硝态氮变幅较小，基本上与根际变化规律相反。对于丙二酸处理，随加入丙二酸浓度的增加，根际土壤硝态氮减小，而非根际土壤硝态氮随浓度的增加而增大。对于冰乙酸处理，根际土壤硝态氮随加入冰乙酸浓度的增加，先增大后减小，5mmol/kg达到最大，其后逐渐减小，而非根际变化规律为先减小后增大。对于酒石酸处理，随加入酒石酸浓度的增加，根际土壤硝态氮减小，非根际硝态氮增加。对于苹果酸处理，随加入苹果酸浓度的增加根际土壤硝态氮减小，非根际土壤硝态氮先增加后减小。

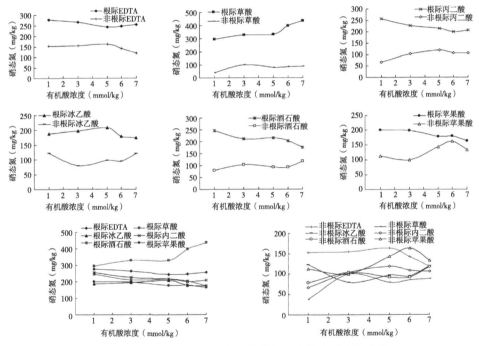

图6-14 不同有机酸处理根际与非根际土壤中硝态氮变化

对比不同有机酸处理根际与非根际土壤硝态氮变化可以看出，不同有机酸处理后根际土壤硝态氮大小变化规律为草酸>EDTA>丙二酸>酒石酸>苹果酸和冰乙酸。在所有处理中，草酸处理远远大于其他处理，苹果酸和冰乙酸较接近，硝态氮含量最小。非根际土壤硝态氮大小变化规律为，有机酸浓度为3mmol/kg时，各处理差距较小，只有EDTA较其他处理大，而冰乙酸较其他处理小。其他浓度规律性不明显。

6.2.12　有机酸对土壤有机质的影响

　　图6-15为不同有机酸处理后根际与非根际土壤有机质的变化规律。由图6-15可知，加入不同有机酸后，根际土壤有机质小于非根际，但差距较小。对于EDTA处理，随加入EDTA浓度的增加，根际与非根际土壤有机质先减小后增大，1mmol/kg时最小，其后逐渐增大，6mmol/kg达到最大。对于草酸处理，随加入草酸浓度的增加，根际与非根际土壤有机质变幅较小。对于冰乙酸处理，除6mmol/kg显著降低根际与非根际土壤有机质外，其他处理对有机质影响较小。对于丙二酸处理，随加入丙二酸浓度的增加，有机质减小，5mmol/kg时降到最小，其后随浓度的增加而增大。且随浓度的增加根际与非根际土壤有机质差距逐渐减小。对于酒石酸处理，随加入酒石酸浓度的增加，根际与非根际土壤有机质变幅较小，即不同浓度酒石酸对有机质的影响较小。

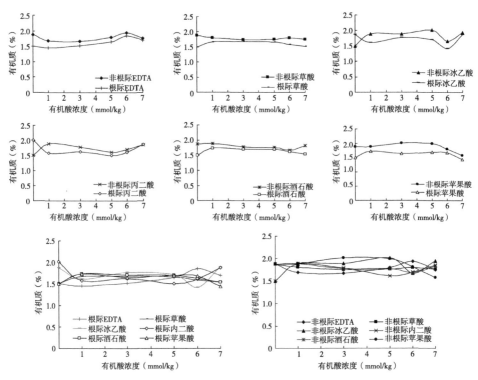

图6-15　不同有机酸处理根际与非根际土壤中有机质变化

对于苹果酸处理，小于5mmol/kg的范围，加入不同浓度苹果酸对根际和非根际土壤有机质影响较小，大于5mmol/kg时，随加入苹果酸浓度的增加有机质减小，即苹果酸浓度大于5mmol/kg对有机质影响增大。

对比不同有机酸处理根际与非根际土壤有机质可以看出，不同有机酸处理间差距较小，即不同有机酸种类对根际和非根际土壤有机质影响较小。

6.2.13 根际与非根际土壤重金属Cd再分布

图6-16为不同有机酸浓度作用下根际与非根际土壤中重金属Cd含量。由图6-16可知，根际土壤重金属Cd含量大于非根际，这是由于在黑麦草根系生长过程中，根系不断吸收水分及其他物质，非根际土壤中的物质（包括重金属）会随水分的运移向根际土壤运移，必然导致根际土壤中重金属含量较非根际高。从图6-16还可以看出，根际与非根际土壤重金属Cd的变化趋势相反，即根际土壤重金属Cd增大时，非根际土壤重金属Cd减小，这是由于在重金属Cd总量不变的情况下，根际土壤重金属Cd含量增大时，必然导致非根际土壤重金属Cd含量减小。所有处理中EDTA处理根际与非根际重金属Cd含量差距最大。对于EDTA处理，根际土壤重金属Cd含量随加入EDTA浓度的增加而增大，浓度为3mmo/kg时达到最小，其后随加入EDTA的增加而减小，5mmol/kg时最小，5～7mmo/kg范围内差距较小。非根际土壤随EDTA浓度的增加先减小，3mmol/kg时达到最大，随后随EDTA的增加而增大，但5～7mmol/kg范围内变幅较小，但加有机酸的所有处理均小于对照处理。即加入3mmol/kgEDTA最有利于重金属Cd由非根际向根际运移，最有利于黑麦草对重金属Cd的吸收，EDTA浓度为5～7mmol/kg时作用不明显。对于草酸处理，根际土壤重金属Cd含量随草酸浓度的增加而减小，5mmo/kg时最小，其后随草酸浓度的增加而增大。根际与非根际土壤重金属Cd含量差距较小，3～5mmol/kg范围内，差距最小，即这个浓度范围的草酸对重金属Cd活性的影响较小。但不同浓度草酸处理与对照处理相差较小，即不同浓度草酸对重金属Cd的吸收影响相对较小。对于冰乙酸处理，根际土壤重金属Cd含量随冰乙酸不同浓度变化较小，但所有处理均大于对照处理，其中3～5mmol/kg范围内，根际与非根际土壤重金属Cd含量最小，即这个浓度范围的冰乙酸对重金属Cd活性的影响较小。对于丙二酸处理，根际土壤重金属Cd含量在1mmol/kg时达到最大，其后随丙二酸浓度的增加而减小，但不同浓度丙二酸处理根际土壤重金属Cd含量均大于

对照处理，且随丙二酸浓度的增加，根际与非根际土壤重金属Cd含量差距减小。对于酒石酸处理，加入不同浓度的酒石酸对根际和非根际土壤重金属Cd含量影响较小，但所有处理根际土壤重金属Cd含量均大于对照处理。对于苹果酸处理，随加入苹果酸浓度的增加，根际土壤中重金属Cd含量有增加的趋势，且随苹果酸浓度的增加，根际与非根际土壤重金属Cd含量差距增大。

对比不同有机酸处理后根际土壤中重金属Cd含量得出，不同浓度有机酸处理后，根际土壤重金属Cd含量的大小顺序为EDTA>冰乙酸≈丙二酸>酒石酸>苹果酸>草酸，但酒石酸、丙二酸和冰乙酸的差距较小。非根际土壤重金属Cd含量的大小顺序为冰乙酸≈酒石酸>丙二酸>苹果酸>草酸>EDTA，与根际土壤重金属Cd含量一致，酒石酸、丙二酸和冰乙酸处理非根际土壤重金属Cd含量较接近。可见，不同有机酸处理，EDTA最有利于黑麦草根际重金属Cd的增加，即最有利于重金属Cd活性的增强，草酸的效果最差。酒石酸、丙二酸和冰乙酸的效果相近。

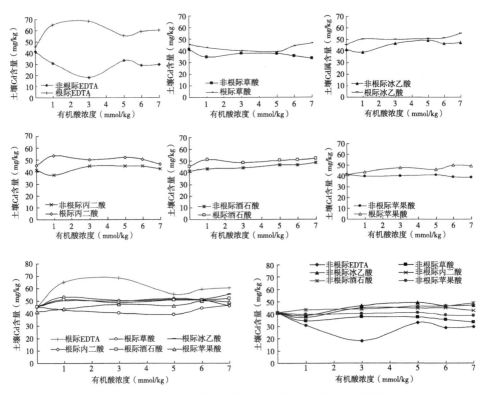

图6-16 不同有机酸处理根际与非根际土壤Cd含量变化

6.2.14 结论

（1）土壤重金属Cd含量为50mg/kg时，草酸最有利于黑麦草地上部干物质质量的增加，5mmol/kg的增幅最大。其他不同浓度有机酸对其地上部干物质质量的增加影响较小。酒石酸和丙二酸较有利于黑麦草根系干物质质量的增加，但不同有机酸浓度对其影响不明显。EDTA和草酸减小了黑麦草根系的耐性指数。

（2）Cd胁迫下，EDTA抑制黑麦草根系分泌草酸，苹果酸促进黑麦草根系分泌草酸；丙二酸、草酸和1～3mmol/kg冰乙酸和酒石酸促进黑麦草根系分泌酒石酸；3～7mmol/kg草酸促进黑麦草根系分泌苹果酸。

（3）不同浓度有机酸作用下Cd胁迫黑麦草根际土壤pH值小于非根际，其中1mmol/L的有机酸显著降低根际土壤pH值，对根际土壤pH值的影响最大，草酸影响最小。另外，土壤有机酸的存在能够降低黑麦草根际土壤Eh，不同处理黑麦草根际土壤Eh均小于非根际，土壤中丙二酸和3～5mmol/kg冰乙酸较有利于非根际土壤Eh的增加。

（4）EDTA的存在促进黑麦草地上部分重金属Cd含量的增加，冰乙酸对黑麦草地上部分重金属Cd的富集效果也有一定的促进作用。1～3mmol/kg EDTA和冰乙酸，5～7mmol/kg草酸对黑麦草根系富集Cd的促进作用较明显。

（5）根际土壤重金属Cd含量小于非根际，EDTA最有利于黑麦草根际重金属Cd的增加，即最有利于重金属Cd活性的增强，草酸的效果最差。酒石酸、丙二酸和冰乙酸的效果相近。

总之，对于重金属Cd，EDTA能促进黑麦草对Cd的吸收，但抑制了耐性指数的增加。黑麦草所分泌的有机酸中，草酸有利于黑麦草地上部干物质质量的增加，但不利于对根际、非根际重金属Cd的活化。冰乙酸对黑麦草地上部分重金属Cd的富集效果也有一定的促进作用。1～3mmol/kg EDTA和冰乙酸，5～7mmol/kg草酸对黑麦草根系富集Cd的促进作用较明显。

7 外源有机酸对油菜修复镉污染土壤的诱导机理

7.1 材料和方法

7.1.1 供试材料

供试土壤为沙壤土，取自中国农业科学院农田灌溉研究所洪门试验田表层（0~20cm），室内风干，容重1.39g/cm³，田间持水量24%（重量含水率），土壤中全Cd含量为0.838mg/kg，基本理化性质见表7-1。土样风干后过2mm尼龙筛，施入尿素、磷酸二氢钾，硝酸钾作为底肥，除底肥外，不添加其他肥料。混合均匀后，放置平衡一周，通风处晾干，备用。

供试蔬菜为甘蓝型油菜，油菜种子采用陕西省农业科学院经济作物研究所选育的低芥酸油菜新品种甘杂一号，作为试验用种子。

表7-1 供试土壤的基本理化性质

机械组成（%）			营养元素		
0.002mm	0.002~0.05mm	0.05mm	TN（g/kg）	TP（g/kg）	K（g/kg）
11.53	75.37	13.10	1.14	0.63	86

7.1.2 盆栽试验

本研究采用盆栽试验，其中土壤的底肥培肥方案、重金属Cd和有机酸添加浓度如下（各试剂施加浓度均为每千克土壤中的含量）。

底肥培肥方案：N，150mg/kg；P$_2$O$_5$，100mg/kg；K$_2$O，300mg/kg。

有机酸试验：本试验选用酒石酸、柠檬酸、草酸、苹果酸、乙酸5种有机酸，每种有机酸浓度梯度分别为1mmol/kg、2mmol/kg、3mmol/kg、4mmol/kg、5mmol/kg、6mmol/kg，每个处理均设置3个重复。

重金属添加方案：所有供试土壤中重金属镉的施加浓度均为4mg/kg，其中Cd以$CdCl_2$水溶液的形式喷洒入土壤中，并进行充分搅拌混合。

对照试验：土壤中不施加有机酸作为对照处理。

以上试验共设5种有机酸浓度、6个有机酸浓度梯度、3个重复、3个空白对照试验，共计5×6×3+3=93盆，每盆添加土壤3kg，加入$CdCl_2$水溶液老化1个月之后，在其中种植油菜。油菜种子播种前首先在光照充足的地方晾晒3~4h，然后放入20~30℃水中浸种2~3h，晾干后播种。2017年5月10日播油菜种子，5月13日出苗，5月17日间苗，期间喷水。6月14日加有机酸，7月30日加有机酸，盆栽所施加水为一次去离子水，2017年10月11日收获。

7.1.3 样品收集与处理

植物地上部分：油菜收获后，将其地上部分先用自来水反复冲洗去除表面杂质，再用去离子水进行充分冲洗2~3次，沥掉表面水分后，于105℃下进行杀青处理2h，之后于80℃烘干至恒质量，称质量后，用粉碎机进行粉碎处理，过100目尼龙筛，装入密封袋，备用。

植物根部：由于油菜根大部分为须根，分布比较均匀，将盆栽里面的根土过10目尼龙筛进行土根分离后，首先用自来水将根部一些泥土及杂质进行清洗，再用去离子水冲洗2~3遍，然后放入$CaCl_2$溶液中浸泡5min，充分溶解根部表面的重金属，然后置于60℃条件下烘干至恒质量，称质量后，用粉碎机进行粉碎处理，过100目尼龙筛，装入密封袋备用。

土壤样品：将进行土根分离后的土壤，进行自然风干处理，风干后用粉碎机进行粉碎处理，然后过100目尼龙筛，装入密封袋备用。

7.1.4 测定项目及分析方法

7.1.4.1 植物地上部分重金属Cd含量的测定

称取粉碎后的植物样品0.200 0g于消解管中，然后加10mL优级纯浓硝酸，浸泡7~8h后采用CEM公司生产的微波消解仪进行消解。消解程序设置如下：①设定从室温升温至120℃，升温时间为5min，然后保持在120℃，保持时间为3min。②设定时间从120℃升温至150℃，升温时间为3min，然后保持在150℃，保持时间为5min。③设定从150℃升温至190℃，升温时间为4min，然后保持在190℃，保持时间为15min进行充分消解。消解完成后将消解管取出，冷却20min，然后将消解液转移至聚四氟乙烯坩埚中，于150℃的电热板上进行蒸发处理，待溶液蒸发至1~2mL时，将之转移至50mL容量瓶内，用二次蒸馏水进行定容，然后使用石墨炉原子吸收分光光度计（AA-6300）测定样品中Cd含量。

7.1.4.2 植物根部重金属Cd含量的测定

植物根部重金属Cd的消解程序同植物地上部分的消解方法，然后使用火焰原子吸收分光光度计进行测定。

7.1.4.3 土壤中重金属Cd含量的测定

称取0.300 0g土样加入3mL浓硝酸和9mL浓盐酸。消解程序设置如下：①从室温升温至120℃，设定时间为5min，然后保持在120℃时间为3min；②从120℃升温至150℃，设定时间为3min，然后保持在150℃时间为3min；③从150℃升温至180℃，设定时间为3min，然后保持在180℃时间为15min进行充分消解。消解完成后冷却20min。然后将之放置电热板，温度设定为150℃进行蒸发处理，待蒸发至1~2mL，将之转移至50mL容量瓶内，用二次蒸馏水进行定容，然后用石墨炉原子吸收分光光度计进行测定土壤样品中Cd的含量。

7.1.4.4 土壤中重金属Cd的形态测定

采用Tessier同步提取法（Tessier，1979）提取土壤中重金属各形态，然后用火焰原子吸收分光光度计测定其各形态含量，所用离心管和玻璃器皿均需用1∶9硝酸浸泡（8h以上），具体提取步骤如表7-2所示。

7.1.4.5 土壤酶测定

土壤蔗糖酶（3，5-二硝基水杨酸比色法）、土壤淀粉酶（3，5-二硝基水杨酸比色法）、过氧化氢酶（高锰酸钾滴定法）测定方法均参考关松荫《土壤酶及其研究法》。

表7-2 Tessier连续提取法步骤

形态	提取剂	提取方法
可交换态	1mol/L氯化镁（pH值=7）	称取1.500 0g土样，放入50mL离心管中（加盖），加1mol/L氯化镁15mL（移液管），室温下连续振荡1h，10 000转离心10min，倾倒出上清液，加入4滴浓硝酸，摇匀，待测；再向残余物中加去离子水5mL，5 000转离心5min，弃去上清液，重复此洗涤过程2次
碳酸盐结合态	1mol/L醋酸钠（pH值=5）（HAC调节）	将步骤1中的残渣加1mo/L醋酸钠7.5mL，室温下连续振荡5h，10 000转离心10min，倾倒出上清液，加入4滴浓硝酸，摇匀，待测；再向残余物中加去离子水5mL，5 000转离心5min，重复此洗涤过程2次
铁锰氧化物结合态	0.04mol/L盐酸羟胺（25% HAC，V/V）	将步骤2中的残渣加0.04mol/L盐酸羟胺30mL，在96℃中恒温振荡6h，10 000转离心10min，倾倒出上清液，加入8滴浓硝酸，摇匀，待测；再向残余物中加去离子水5mL，5 000转离心5min，重复洗涤过程2次。
有机结合态	0.02mol/L硝酸，30%过氧化氢（V/V，硝酸调至pH值=2），3.2mol/L醋酸氢（20% HNO$_3$ V/V）	将步骤3中的残渣加0.02mol/L硝酸（HNO$_3$）4.5mL，30% H$_2$O$_2$ 7.5mL（用保鲜膜封口，用针扎眼），85℃下加热振荡2h，再加30%的过氧化氢4.5mL（移液管），85℃下加热振荡3h，冷却；加3.2mol/L醋酸氢7.5mL（移液管），连续振荡30min，10 000转离心10min，倾倒出上清液，加入8滴浓硝酸，摇匀，待测
残渣态	王水（3mL浓硝酸+9mL浓盐酸）	测定步骤同土壤中重金属测定步骤

蔗糖酶、淀粉酶活性均以24h后1g土壤葡萄糖的毫克数表示，见式（7-1）。

$$葡萄糖（mg）=a \times 4 \qquad (7-1)$$

式中：a为标准曲线查得的葡萄糖毫克数；4为换算成1g土的系数。

过氧化氢酶活性计算：用于滴定土壤滤液所消耗的高锰酸钾量（毫升数）为B，用于滴定25mL原始过氧化氢混合液所消耗的高锰酸钾量（毫升数）为A。以20min后1g土壤消耗的0.003mol/L KMnO$_4$溶液的毫升数表示（以20min后1g土壤中的过氧化氢的毫克数表示），见式（7-2）。

$$土壤过氧化氢酶活性=（A-B）\times T/dwt \qquad (7-2)$$

式中：T为高锰酸钾滴定度的校正值；dwt为烘干土质量（g）。

7.2 数据分析

所得数据采用Excel 2010，SPSS 7.0，Origin 7.5进行分析处理，所有数据均为3个平行样品测量值的几何平均值。

富集系数（Bioconcentration factor，BCR）指植物体内某种重金属浓度与根区土壤中该种重金属含量的比值，植物从土壤中吸收、富集的重金属，可以用富集系数来反映植物对重金属富集程度的高低或富集能力的强弱，在一定程度上反映出土壤—植物系统中重金属元素迁移的难易程度及其在植物体内的富集情况。超富集植物的富集系数要求大于1.0，富集系数小于1.0和大于0.5的可作为值得关注的优势植物。其表达公式为式（7-3）。

$$富集系数 = \frac{植物地上部分重金属浓度}{土壤中重金属浓度} \qquad (7-3)$$

转运系数（Transport coefficient，TC）指植物地上某种重金属浓度与根部该种重金属浓度的比值，用来反映植物将根部重金属元素向地上部转运能力的大小，以此进行重金属耐性和富集能力的表征，超富集植物的转运系数必须要求大于1.0。其表达公式为式（7-4）。

$$转运系数 = \frac{植物地上部分重金属浓度}{根部重金属浓度} \qquad (7-4)$$

7.3   不同有机酸诱导下油菜对重金属镉的吸收富集

通过在含有4.838mg/kg重金属Cd的土壤中种植油菜，并于油菜生长1个月和2个月左右的时候，分两次分别添加1~6mmol/kg的乙酸、草酸、柠檬酸、苹果酸和酒石酸5种有机酸，经5个月生长周期后收获油菜植物样品，分析油菜在不同有机酸的诱导作用下，对土壤中重金属Cd的吸收性能变化趋势。

7.3.1   乙酸诱导下油菜对Cd的富集和迁移特征

本研究采用富集系数和转运系数的大小来表征植物对重金属的吸收能力。通过向油菜—土壤体系中添加乙酸诱导后，油菜对土壤中Cd的吸收变化情况如图7-1所示。由图7-1可知，在乙酸浓度为4mmol/kg时，富集系数出现最大值，达到了0.631 7，说明该条件下油菜能将更多的重金属Cd从土壤中富集到植株体中，对重金属Cd的富集能力最强，而在试验设定的低浓度和高浓度范围内，油菜对Cd的富集系数均无明显增加。因此，采用4mmol/kg的乙酸诱导时，最有利于土壤中重金属Cd在油菜植物体内的富集。

相比于对照处理，在土壤中添加1～6mmol/kg的乙酸诱导作用下，油菜的转运系数均低于对照组，且乙酸浓度为1mmol/kg和2mmol/kg时，油菜对重金属Cd的转移系数小于1，随着乙酸浓度的不断增加，油菜的转运系数也呈现缓慢增加趋势，但这种增加幅度平缓。可见，外源乙酸对油菜地上部分和根部Cd含量分配的影响较小。

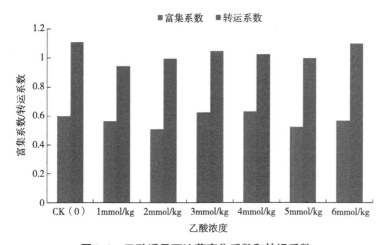

图7-1 乙酸诱导下油菜富集系数和转运系数

注：图中CK为空白，不同小写字母表示差异达到0.05显著水平，下同

各处理差异显著性分析结果如图7-2所示。由图7-2可知，相比于对照处理，当乙酸浓度小于等于4mmol/kg时，油菜植株地上部分重金属Cd的含量随着乙酸浓度的增大而无显著性变化（$P<0.05$），但地上部分重金属Cd的含量均高于对照组，可见，在该浓度范围内，外加乙酸促进油菜中Cd的含量；当乙酸浓度增至5mmol/kg以上时，油菜地上部分重金属Cd含量开始低于对照处理，且与对照处理差异显著（$P<0.05$），说明该条件下油菜中Cd的含量受到外加乙酸的干扰较为严重，不利于Cd向油菜地上部分迁移。可见，在油菜—土壤体系中添加低浓度乙酸诱导时，将有助于油菜地上部分对Cd的富集，但促进效果不是很明显，而添加高浓度的乙酸（大于4mmol/kg），则会抑制土壤中Cd向油菜植株地上部分转移。

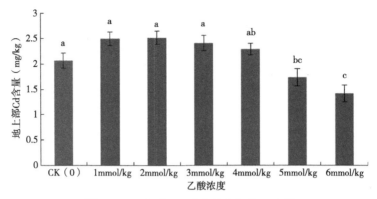

图7-2 乙酸诱导下油菜地上部分Cd含量

7.3.2 草酸诱导下油菜对Cd的富集和迁移特征

在土壤—油菜体系中添加1~6mmol/kg的草酸诱导后，油菜对土壤中重金属Cd的富集系数和转移系数变化情况如图7-3所示。由图7-3可见，相比于对照处理，油菜对Cd的富集系数随草酸浓度的递增表现出先升高后下降的趋势，在草酸浓度为3mmol/kg时出现最大值（0.764 2），说明3mmol/kg草酸能使土壤中Cd充分活化，能较好地促进土壤中重金属Cd向油菜植株地上部分转移；而草酸浓度分别为1mmol/kg、5mmol/kg和6mmol/kg处理，油菜对Cd的富集系数均低于对照处理，说明此时的草酸浓度对土壤中Cd的迁移能力有一定抑制性，不利于油菜对Cd的吸收。因此，采用草酸对油菜吸收土壤中的Cd进行诱导时，添加草酸浓度为3mmol/kg时，最有利于土壤中重金属Cd在油菜植物体内的富集。

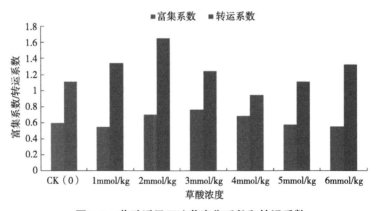

图7-3 草酸诱导下油菜富集系数和转运系数

在1~6mmol/kg草酸诱导下，油菜对Cd的转运系数呈现出先增大后下降的趋势，但是转运系数值均大于对照处理。当添加外源草酸的浓度分别为1mmol/kg、2mmol/kg、3mmol/kg和6mmol/kg时，均明显促进了根部重金属Cd向油菜地上部分的转移，在草酸浓度为2mmol/kg时，转运系数出现最大值1.653，高于对照处理48.83%，表明草酸浓度为2mmol/kg时，最有助于油菜根部重金属Cd向地上部分的转移。

油菜地上部分吸收的重金属Cd含量的方差分析结果见图7-4。由图7-4可见，外源草酸浓度分别为2mmol/kg、3mmol/kg时，油菜地上部分重金属Cd的含量与对照处理达到显著差异（$P<0.05$），说明2~3mmol/kg草酸的添加对土壤中Cd向油菜体内的迁移有一定促进作用；而外源草酸浓度为1mmol/kg、4mmol/kg、5mmol/kg和6mmol/kg时，油菜地上部分重金属Cd含量与对照处理差异不明显，对油菜地上部分富集重金属Cd的影响不大。可见，在土壤中添加2~3mmol/kg草酸有助于油菜地上部分对重金属Cd的富集，而低浓度和高浓度草酸的加入，对Cd向油菜地上部分迁移的促进效果不明显。

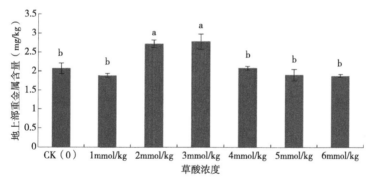

图7-4 草酸诱导下油菜地上部分重金属含量

7.3.3 柠檬酸诱导下油菜对Cd的富集和迁移特征

土壤中添加1~6mmol/kg的柠檬酸诱导后，油菜对土壤中重金属Cd的富集系数和转运系数的变化如图7-5所示。由图7-5可见，相比于对照处理，当添加柠檬酸的浓度由低到高变化时，油菜对Cd的富集系数表现出先增大后下降的趋势。其中柠檬酸的浓度为1mmol/kg和2mmol/kg时，有利于油菜植株对Cd吸收，并在2mmol/kg时富集系数出现最大值，相比于对照处理提高了15.4%；而当柠檬酸浓度继续增大时，富集系数则开始减少，在柠檬酸浓度为6mmol/kg

时达到最小值，较对照处理减小了34.67%，这一现象说明高浓度柠檬酸抑制Cd向油菜植物地上部分迁移，从而不利于油菜植株对Cd的富集吸收。可见，添加2mmol/kg柠檬酸时，最有利于油菜对土壤中Cd的富集吸收，而高于该浓度，则会抑制土壤中Cd向油菜体内的迁移。

对照处理中油菜对Cd的转运系数大于1，而添加1～6mmol/kg的柠檬酸诱导后，各处理的转运系数值均小于1，低于对照处理。可见，在含有4.838mg/kg重金属Cd的土壤中外源加入柠檬酸，能够使得土壤中Cd表现为惰性，将更多的重金属Cd保留在土壤中，不利于植物的修复。

各处理显著性差异分析如图7-6所示。由图7-6可知，各处理与对照处理间存在显著差异（3mmol/kg除外）（$P<0.05$），且油菜地上部分Cd的含量随着柠檬酸浓度的增加呈下降趋势，表明低浓度（1～2mmol/kg）柠檬酸相对有利于油菜地上部分对重金属Cd的吸收，而高浓度（3～6mmol/kg）的柠檬酸则抑制油菜对Cd的吸收富集。

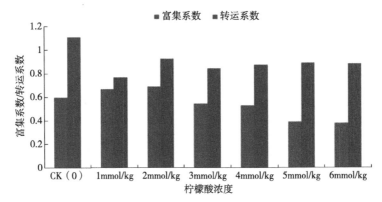

图7-5　柠檬酸诱导下油菜富集系数和转运系数

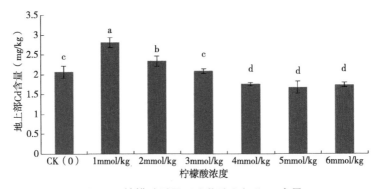

图7-6　柠檬酸诱导下油菜地上部分Cd含量

7.3.4 苹果酸诱导下油菜对Cd的富集和迁移特征

土壤中添加1～6mmol/kg的苹果酸诱导后，油菜对Cd的富集系数和转运系数变化情况如图7-7所示。由图7-7可知，油菜对Cd的富集系数在苹果酸浓度为1mmol/kg时，略高于对照处理，随着苹果酸浓度不断增加，富集系数略微下降，但下降幅度不大，当苹果酸浓度为5mmol/kg时，富集系数又略微有提高，但数值整体变化幅度不大，说明苹果酸的加入对土壤中的重金属Cd的活化或抑制能力均较弱。可见，借助于外源苹果酸的诱导作用，以提高油菜植物对土壤中重金属Cd的修复能力不明显。

通过对图7-7分析可知，当加入1～6mmol/kg的苹果酸诱导后，油菜地上部分对重金属Cd的转运系数均低于对照处理，说明苹果酸的加入使得土壤中重金属Cd向油菜地上部分的迁移活性降低，大量的Cd被固定在油菜的根部；而且在试验浓度范围内，随着苹果酸浓度的不断增大，转运系数变化幅度比较平缓。

地上部分重金属镉含量如图7-8所示。由图7-8可知，相比于对照处理，添加苹果酸诱导后，油菜地上植物部分对重金属Cd的富集能力均出现下降，且在苹果酸1～6mmol/kg的浓度范围内，油菜地上部分对Cd的富集量变化不明显，未表现出显著差异。这种现象说明，外源苹果酸的加入对土壤中重金属Cd的活化能力较弱，因此对于油菜地上部分富集Cd的能力影响也不大。

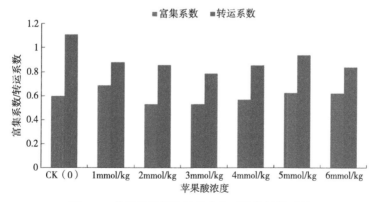

图7-7 苹果酸诱导下油菜富集系数和转运系数

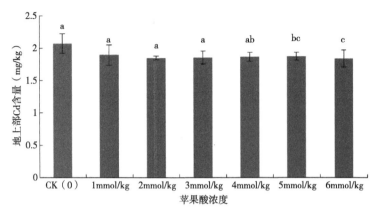

图7-8　苹果酸诱导下油菜地上部分Cd含量

7.3.5　酒石酸诱导下油菜对Cd的富集和迁移特征

向重金属Cd污染的土壤中添加1～6mmol/kg的酒石酸诱导后,油菜对土壤中Cd的富集系数和转运系数如图7-9所示。由图7-9可知,相比于对照处理,酒石酸在1～3mmol/kg的较低浓度范围内,促进了土壤中的Cd向油菜植株地上部分转移,使得其富集系数大于对照处理,且在酒石酸浓度为1mmol/kg时,富集系数出现最大值(0.762 6);但是随着酒石酸浓度增加为4～6mmol/kg时,油菜对Cd的富集系数又下降至对照处理的水平,说明较高浓度的酒石酸对土壤中Cd的活化能力比较弱。可见,酒石酸的添加浓度为1mmol/kg时,最有利于土壤中Cd向油菜地上部分迁移,但是酒石酸添加浓度大于4mmol/kg时,对土壤中Cd几乎没有活化能力,不能改善油菜吸收土壤中Cd的效果。

外加酒石酸浓度仅在1mmol/kg时,转运系数低于对照处理,而在2～6mmol/kg浓度范围内,转运系数均高于对照处理。可见,在含有重金属Cd的土壤中,添加1mmol/kg的酒石酸进行诱导,能够有效促进重金属Cd向油菜地上部分转移,而此时油菜的富集系数也达到了最大值,表明酒石酸对土壤中的Cd起到较好的活化作用。因此,外源低浓度酒石酸的加入能够提高油菜对Cd的修复效率。

油菜地上部分Cd含量如图7-10所示。由图7-10可知,在土壤中加入酒石酸的浓度为1mmol/kg时,两者呈现出明显的差异($P<0.05$);地上部分Cd含量随着酒石酸浓度的增加,变化趋势比较平缓,总体上呈现下降的趋势,低浓度的酒石酸更有利于重金属Cd向地上部分的转移。

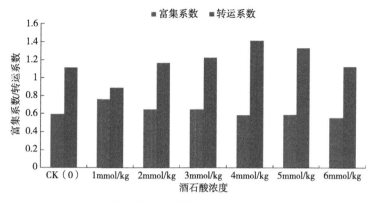

图7-9 酒石酸诱导下油菜富集系数和转运系数

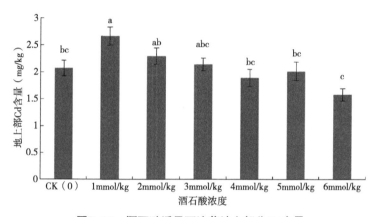

图7-10 酒石酸诱导下油菜地上部分Cd含量

7.3.6 结论

超富集植物的主要特征为富集系数和转运系数均要求大于1.0，富集系数小于1.0并大于0.5的可作为值得关注的优势植物。在重金属污染的土壤中种植植物进行修复时，植物最直接接触到重金属的部位为根系，而植物根系的细胞壁中含有众多交换位点，植物可以通过这些交换位点与重金属之间进行作用，进而达到促进或抑制植物对重金属的吸收或固定作用。相比于其他重金属元素，Cd进入土壤后，易与土壤中的OH^-和Cl^-形成迁移能力强的络合离子，从而更易被植物所吸收利用。本试验通过在Cd污染的土壤中种植油菜，并通过油菜不同生长期外源有机酸的诱导，研究油菜对重金属Cd的富集能力。主要研究结果如下。

在1~6mmol/kg的乙酸诱导下，油菜植物地上部分对Cd的富集量呈现先增长后下降的趋势，当乙酸浓度为4mmol/kg时，油菜地上部分的富集系数值达到最大0.631 7，而当乙酸浓度增至5mmol/kg以上时，则不利于Cd向油菜中迁移；在草酸诱导作用下，油菜对Cd的富集系数随草酸浓度的递增表现出先升高后下降的趋势，在草酸浓度为3mmol/kg时出现最大值0.764 2，最有利于土壤中重金属Cd在油菜植物体内的富集，当外加草酸浓度为2mmol/kg时，油菜对Cd的转移系数最大；在柠檬酸诱导下，油菜对Cd的富集系数表现出先增大后下降的趋势，并在柠檬酸浓度为2mmol/kg时，富集系数和转运系数同时出现最大值，最有利于油菜对土壤中Cd的富集吸收；1~3mmol/kg的酒石酸能促进土壤中Cd向油菜植株地上部分转移，1mmol/kg酒石酸最有利于土壤中Cd向油菜地上部分迁移。外源苹果酸的加入，对土壤中Cd的活化或抑制作用较弱。

7.4　不同有机酸诱导下土壤中镉的形态分布

土壤中重金属对环境的危害不仅与其总量有关，更大程度上由重金属元素在土壤中的存在形态所决定。重金属进入土壤后，经过溶解、沉淀、凝聚、络合吸附等各种复杂的反应，形成不同的化学形态，并根据其形态表现出不同的活性，而重金属形态的研究却能将重金属活性进行分级，通过揭示土壤中重金属的存在形态，进而了解其迁移转化规律、生物有效性、毒性及可能产生的环境效应，从而对预测土壤中重金属的长期变化和环境风险有重要意义。

人们通常所指的"形态"是指重金属与土壤组分的结合形态，它是以特定的提取剂和提取步骤的不同而定义的。研究表明，重金属的可交换态、碳酸盐结合态以及铁锰氧化物结合态3种形态最容易被植物吸收和利用，且植物的吸收量与其含量呈显著正相关，因而也可以将3种形态合称为重金属的有效态，而有机结合态和残渣态的稳定性较强，不易被植物吸收和利用。因此重金属的生物毒性和积累能力主要取决于其有效态含量的高低。有效态重金属指的是容易被植物吸收的水溶态和交换态重金属，其含量的大小是影响植物吸收重金属总量和速率快慢，以及影响土壤酶活性和组成等的最直接因素，反之植物的生长、吸收，土壤微生物和土壤酶的作用等也可以通过改变植物根际的氧化还原环境，从而改变有效态重金属的含量。因此，研究重金属在土壤中的形态分布及其影响因素，对于了解重金属的变化形式、迁移规律和对生物的毒害作用等具有十分重要的意义。

　　本试验通过向Cd污染的油菜—土壤体系中添加1~6mmol/kg的酒石酸、柠檬酸、草酸、苹果酸和乙酸5种有机酸，经过油菜5个月生长周期后，分析相应土壤中重金属Cd的可交换态、铁锰氧化物结合态、碳酸盐结合态、有机结合态及残渣态含量的分布变化，考察外源有机酸诱导作用下，重金属Cd的形态分布特征。

7.4.1　乙酸诱导下土壤中Cd的形态分析

　　在土壤中添加1~6mmol/kg的乙酸诱导下，土壤中重金属Cd的可交换态、铁锰氧化物结合态、碳酸盐结合态、有机结合态及残渣态的含量和比例分布见图7-11和图7-12。由图7-11和图7-12可知，相比于对照处理，随着乙酸浓度的增加，土壤中可交换态Cd的含量均有增加，在加入2mmol/kg的乙酸时，可交换态含量最大，达到1.365mg/kg，所占比例为24.30%，随着乙酸浓度的进一步增大，可交换态所占比例逐渐下降，且趋于平缓，含量保持在0.528mg/kg，所占比例为21.13%；碳酸盐结合态Cd的含量随着乙酸浓度的增加，呈现逐渐下降趋势，在6mmol/kg乙酸诱导下，含量最低达到0.922mg/kg，所占比例为36.89%；铁锰氧化物结合态Cd的含量在乙酸作用下，呈现先上升后下降趋势，在2mmol/kg乙酸诱导下达到最大值0.909mg/kg，所占比例为29.70%，在6mmol/kg乙酸诱导下，含量最低达到0.484mg/kg；有机结合态Cd的含量随着

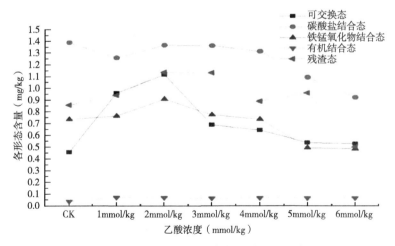

图7-11　乙酸诱导下土壤中Cd的不同形态

乙酸浓度的增大，相比于对照处理有略微的增加，但增加趋势比较平缓，整体变化较小；残渣态Cd的含量在乙酸为2mmol/kg时，出现最大值1.136mg/kg，所占比例为24.70%。

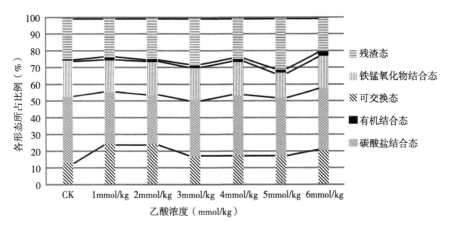

图7-12　乙酸诱导下土壤中Cd的各形态所占比例

7.4.2　草酸诱导下土壤中Cd的形态分析

在土壤中添加1～6mmol/kg的草酸诱导下，土壤中重金属Cd的可交换态、铁锰氧化物结合态、碳酸盐结合态、有机结合态及残渣态的含量和比例见图7-13和图7-14。由图7-13和图7-14可知，与对照处理相比，土壤中可交换态Cd的含量出现先增加后下降趋势，但是总体均高于对照处理，并在草酸浓度为3mmol/kg时达到最高值1.025mg/kg，所占比例为28.28%，相比于对照处理提高了124.8%，表明3mmol/kg草酸最有利于土壤重金属Cd向有效态转化，但是随着草酸浓度进一步增大，有效态Cd的含量逐渐下降，并趋于稳定，保持在0.777mg/kg；碳酸盐结合态Cd的含量随草酸浓度的增加呈现先上升后下降的变化趋势，在草酸浓度为3mmol/kg时，达到最大值1.379mg/kg，所占比例为38.04%，但均小于对照处理；铁锰氧化物结合态和有机结合态Cd的含量变化趋势不明显，表明草酸对这两种形态的影响较小；残渣态Cd的含量随着草酸浓度增大先升高后降低，在草酸浓度为1mmol/kg时达到最大值1.121mg/kg，草酸浓度为4mmol/kg时残渣态含量最小，为0.277mg/kg，比对照处理降低了67.65%。可见，外源草酸的加入有利于可交换态Cd的形成。

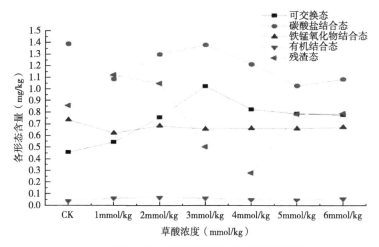

图7-13　草酸诱导下Cd的不同形态含量

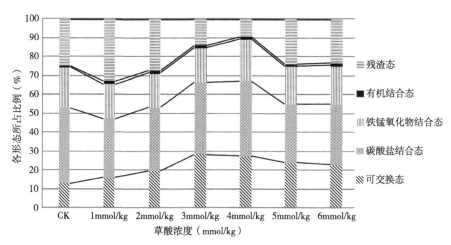

图7-14　草酸诱导下土壤中Cd形态的占比

7.4.3　柠檬酸诱导下土壤中Cd的形态分析

在土壤中添加1~6mmol/kg的柠檬酸，土壤中重金属Cd的可交换态、铁锰氧化物结合态、碳酸盐结合态、有机结合态及残渣态的含量和比例分布见图7-15和图7-16。由图7-15和图7-16可知，土壤中可交换态Cd的含量均大于对照处理，总体呈现先增加后下降趋势，在1mmol/kg柠檬酸诱导下，出现最大值1.155mg/kg，所占比例为28.80%；随着柠檬酸浓度的不断增加，碳酸盐结合态Cd的含量也逐渐下降，且总体均小于对照处理；铁锰氧化物结合态Cd的含量随柠檬酸的不断加入，出现先上升，在1mmol/kg柠檬酸诱导下，出现最大值1.123mg/kg，所占比例为28.00%，随之含量下降至接近于对照处理；有机结合态Cd的含量随柠檬酸的不断加入，与对照处理差别不大；残渣态Cd的含量则随着柠檬酸浓度的增加呈现先下降后上升的趋势，在1mmol/kg柠檬酸诱导下，出现最小值0.366mg/kg，所占比例为9.10%

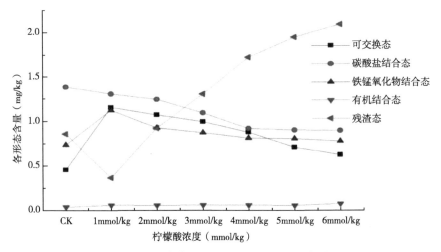

图7-15　柠檬酸诱导下Cd的不同形态含量

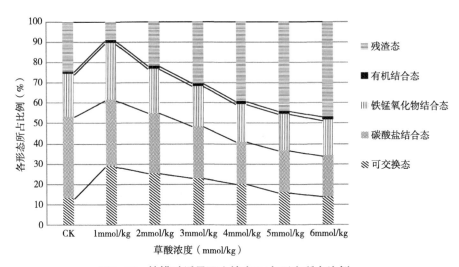

图7-16　柠檬酸诱导下土壤中Cd各形态所占比例

可见，在柠檬酸诱导作用下，土壤中可交换态和铁锰氧化物结合态Cd的含量增加，两者在柠檬酸浓度为1mmol/kg时出现最大值，碳酸盐结合态Cd的含量则直线下降，有机结合态Cd的含量受到草酸的影响并不明显，而残渣态Cd的含量在高浓度柠檬酸作用下，明显高于对照处理。说明在本试验条件下，低浓度外源柠檬酸的加入较有利于可交换态Cd的形成。

7.4.4 苹果酸诱导下土壤中Cd的形态分析

在土壤中添加1～6mmol/kg的苹果酸诱导下，土壤中重金属Cd的可交换态、铁锰氧化物结合态、碳酸盐结合态、有机结合态及残渣态的含量和比例分布见图7-17和图7-18。由图7-17和图7-18可知，随着外源苹果酸的不断加入，相比于对照处理，土壤中可交换态、碳酸盐结合态和有机结合态Cd的含量仅有小幅度的增加或降低变化，与对照处理差别较小，说明外源苹果酸对重金属Cd的影响较小；铁锰氧化物结合态Cd的含量随着苹果酸浓度的增加，表现为先增长后下降的趋势，在苹果酸浓度为3mmol/kg处达到最大值1.028mg/kg，所占比例为26.14%，且均大于对照处理，可见苹果酸对铁锰氧化物结合态Cd影响较大；残渣态Cd的含量随苹果酸浓度的增加，整体呈小幅度增加趋势。

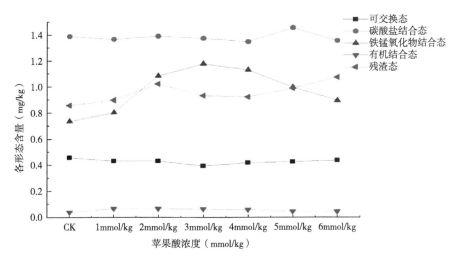

图7-17 苹果酸诱导下Cd的不同形态含量

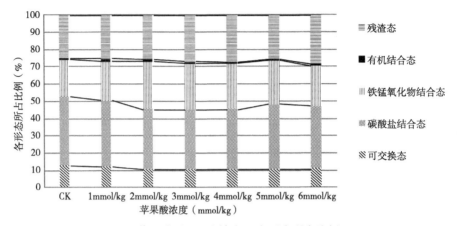

图7-18 苹果酸诱导下土壤中Cd各形态所占比例

7.4.5 酒石酸诱导下土壤中Cd的形态分析

在土壤中添加1~6mmol/kg的酒石酸诱导下，土壤中重金属Cd的可交换态、铁锰氧化物结合态、碳酸盐结合态、有机结合态及残渣态的含量和比例分布见图7-19和图7-20。由图7-19和图7-20可知，相比于对照处理，土壤中可交换态Cd的含量在酒石酸为5mmol/kg时达到最大；碳酸盐结合态Cd的含量在酒石酸浓度为1~3mmol/kg范围内均大于对照处理，且在1mmol/kg时达到最大值1.598mg/kg，当酒石酸浓度继续增加，碳酸盐结合态Cd的含量明显下降，低于对照处理；铁锰氧化物结合态Cd的含量随着酒石酸浓度的增加呈先增加

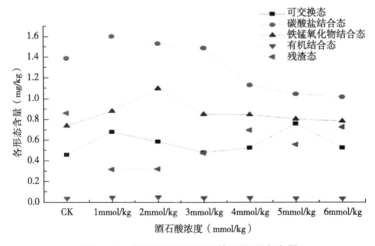

图7-19 酒石酸诱导下Cd的不同形态含量

后减小的趋势，在酒石酸浓度为2mmol/kg时达到最大值，随后随着浓度的增大，其值开始下降，并最终趋于稳定；有机结合态Cd的含量在受到酒石酸诱导时，未呈现明显变化；而残渣态Cd的含量随酒石酸浓度的增加出现先减少后增大的变化，且在1～2mmol/kg时达到最低值0.318mg/kg，远远低于对照处理，随着酒石酸浓度的进一步增加，残渣态Cd的含量开始增加。

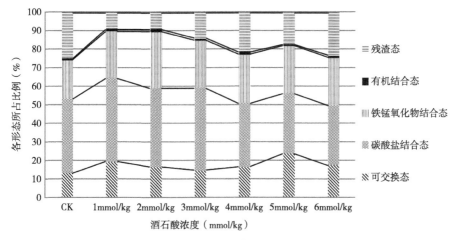

图7-20　酒石酸诱导下土壤中Cd各形态所占比例

7.4.6　结论

（1）土壤中有效态Cd在低浓度（1～2mmol/kg）乙酸诱导时所占比例较大，有利于油菜对重金属Cd的修复；外源草酸的加入有利于可交换态Cd的形成，尤其是3mmol/kg时效果最明显。低浓度柠檬酸的加入有利于可交换态Cd的形成，有利于油菜对土壤中Cd的修复；苹果酸对土壤中Cd各形态的影响不明显。低浓度（1～3mmol/kg）酒石酸诱导时，有效态Cd含量所占比例较大。

（2）4mmol/kg草酸、1mmol/kg柠檬酸和1mmol/kg酒石酸诱导后，土壤中有效态（可交换态、碳酸盐结合态以及铁锰氧化物结合态的和）所占最高比例分别为89.25%、89.43%、89.67%；而乙酸和苹果酸诱导时，土壤中Cd的有效态所占比例最大值分别为77.40%和73.59%。说明草酸、柠檬酸、酒石酸在适当浓度下比较有利于土壤中重金属Cd的有效性增加，有利于油菜对重金属的吸收富集，而乙酸和苹果酸促进效果比较差。

7.5　不同有机酸诱导下土壤酶活性分析

　　土壤酶是一种蛋白质，它一般吸附在土壤胶体表面或呈复合体存在，部分存在于土壤溶液中。土壤酶是土壤生物化学反应的催化剂，直接参与土壤系统中许多重要代谢过程，土壤中所进行的一切生物学和化学过程都要由酶的催化作用才能顺利完成，如腐殖质的分解与合成、动植残体和微生物残体的分解、合成，有机化合物的水解与转化、某些无机化合物的氧化、还原反应等。在生态系统的物质和能量循环等过程中，土壤酶起到表征物质和能量转化强度的作用。土壤酶的活性反映了土壤中进行的各种生物化学过程的强度和方向。土壤酶影响土壤C、N、P、S及其他养分的生物化学循环，因此，土壤酶活性被广泛用作评价土壤健康的生物指标。

　　土壤酶的活性大致反映了某一种土壤生态状况下生物化学过程的相对强度，测定相应酶的活性，可以间接了解某种物质在土壤中的转化情况。蔗糖酶的活性能反应土壤的呼吸强度、有机质、氮、磷、微生物数量，一般土壤肥力越高，蔗糖酶活性越强，它不仅能够代表土壤生物学活性强度，也可以作为评价土壤熟化程度和土壤肥力一个重要指标；淀粉酶是参与自然界碳元素循环的一种重要的酶，测定淀粉酶活性可以很好地了解土壤中有机残体被分解的情况；过氧化氢广泛存在于生物体和土壤中，是由生物呼吸过程和有机物的生物化学氧化反应的结果产生的，这些过氧化氢对生物和土壤具有毒害作用，过氧化氢酶能促进过氧化氢分解为水和氧的反应（$H_2O_2 \rightarrow H_2O + O_2$），从而降低了过氧化氢的毒害作用，所以可以通过测定过氧化氢酶的活性了解过氧化氢对植物的伤害程度。不同类型的土壤酶活性易受环境中物理、化学和生物因素的影响，在土壤污染条件下酶活性变化很大，其活性大小在一定程度上可用来表达土壤的相对污染程度。

7.5.1　乙酸对土壤中酶活性的影响

　　在土壤中添加1~6mmol/kg的乙酸，土壤中蔗糖酶、淀粉酶和过氧化氢酶的活性变化如图7-21和图7-22所示。由图7-21可知，土壤中蔗糖酶的活性随着乙酸浓度的增加先增加后下降，呈二次抛物线型趋势，在浓度小于等于4mmol/kg时，酶活性跟乙酸浓度之间正相关，并在4mmol/kg处达到最大值0.130，较对照处理高23.47%，随着乙酸浓度进一步增大，酶活性表现为下降的趋势；

淀粉酶活性在乙酸浓度为1～2mmol/kg时迅速增加，说明低浓度乙酸对淀粉酶的促进作用比较大，随着浓度进一步增大，淀粉酶活性在乙酸为3mmol/kg时迅速下降，并在5mmol/kg时低于对照处理，在6mmol/kg降至最低，说明高浓度（5～6mmol/kg）乙酸对淀粉酶有一定的抑制作用。由图7-22可知，过氧化酶活性随着乙酸浓度的增加，呈现出先增加后下降的趋势，1～5mmol/kg的乙酸均对过氧化氢酶活性有增强作用，在浓度小于等于2mmol/kg时，促进作用比较小，随着浓度增大，至5mmol/kg时，酶活性达最大。可见，在土壤中添加外源乙酸浓度分别为4mmol/kg、2mmol/kg和5mmol/kg时，土壤蔗糖酶、淀粉酶和过氧化氢酶的活性分别达到最大值。

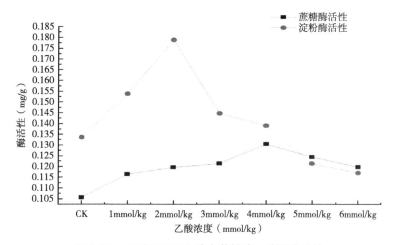

图7-21 乙酸诱导下土壤中蔗糖酶、淀粉酶活性

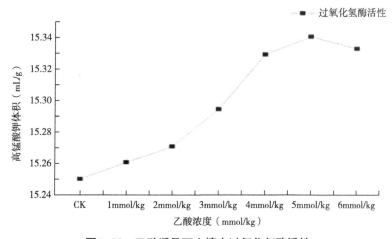

图7-22 乙酸诱导下土壤中过氧化氢酶活性

7.5.2 草酸对土壤中酶活性的影响

在土壤中添加1～6mmol/kg的草酸后，土壤中蔗糖酶、淀粉酶和过氧化氢酶的活性变化如图7-23和图7-24所示。由图7-23可知，土壤中蔗糖酶的活性随着草酸浓度的增加而增强，在1mmol/kg处迅速达到最大值，较对照处理增加44.06%，促进作用比较明显。当草酸浓度在1～3mmol/kg时，随着草酸浓度的增大蔗糖酶的活性减小。当浓度大于等于3mmol/kg时，变化幅度较小，并最终趋于平缓；土壤中淀粉酶活性随着草酸浓度的增加先表现出增加趋势，在3mmol/kg时达到最大，高于对照处理34.84%，随着浓度进一步增大，表现出下降的趋势，但仍然高于对照处理，但对淀粉酶活性的促进作用开始减缓。由

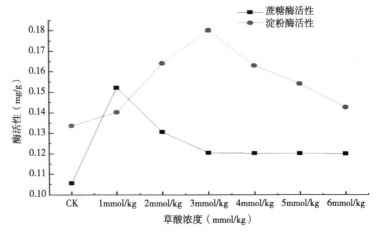

图7-23 草酸诱导下土壤中蔗糖酶、淀粉酶活性

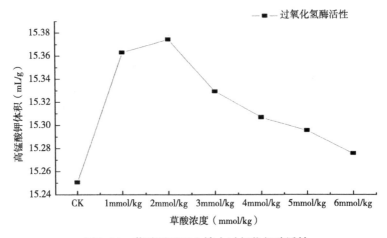

图7-24 草酸诱导下土壤中过氧化氢酶活性

图7-24可知，土壤中过氧化氢酶活性随着草酸浓度的增强，表现出先增加后降低的趋势，在2mmol/kg时增强作用比较明显，当浓度大于2mmol/kg时随着草酸浓度的增长而下降，但所有处理土壤过氧化氢酶活性均高于对照处理。

可见，在土壤中分别添加1mmol/kg、2mmol/kg和3mmol/kg草酸时，土壤蔗糖酶、过氧化氢酶和淀粉酶的活性分别达到最大值。

7.5.3 柠檬酸对土壤中酶活性的影响

在土壤中添加1~6mmol/kg的柠檬酸后，土壤中蔗糖酶、淀粉酶和过氧化氢酶的活性变化如图7-25和图7-26所示。由图7-25可知，随着外源柠檬酸浓度的增加，土壤蔗糖酶活性逐渐增强；土壤淀粉酶活性随着柠檬酸浓度的增加，呈先增大后减小的趋势，并在3mmol/kg处达到最大值0.177。由图7-26可知，土壤中过氧化氢酶活性随着柠檬酸浓度的增加，先增加后减小，在柠檬酸浓度为0~4mmol/kg范围内，过氧化酶酶活性与柠檬酸浓度之间呈显著正相关，相关系数达0.977（$P<0.01$），并在4mmol/kg达到最大值，随着浓度进一步增强，过氧化酶活性逐渐降低。可见，通过添加柠檬酸进行诱导时，土壤中蔗糖酶的活性明显增强，而添加柠檬酸浓度分别为3mmol/kg和4mmol/kg时，土壤中淀粉酶和过氧化氢酶的活性也分别达到最大值，可见柠檬酸的加入，有利于土壤酶活性的增强。

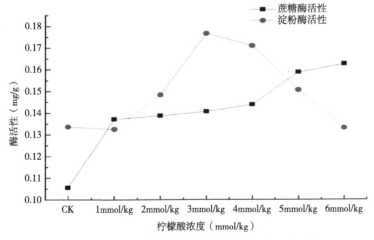

图7-25 柠檬酸诱导下土壤中蔗糖酶、淀粉酶活性

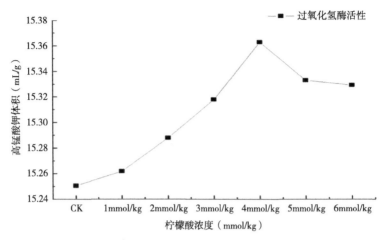

图7-26　柠檬酸诱导下土壤中过氧化氢酶活性

7.5.4　苹果酸对土壤中酶活性的影响

通过向Cd污染土壤中添加1～6mmol/kg的苹果酸后，土壤中蔗糖酶、淀粉酶和过氧化氢酶的活性变化如图7-27和图7-28所示，土壤中蔗糖酶活性与外源苹果酸的浓度呈正相关关系，相关系数为0.972（$P<0.05$），且在苹果酸浓度为3mmol/kg时，酶活性达到最高。当外加苹果酸浓度高于3mmol/kg时，蔗糖酶活性变化幅度较小，两者相关性不明显（$P>0.05$）；土壤淀粉酶活性随着苹果酸浓度的增大呈先增加后减小的趋势，苹果酸浓度为2mmol/kg时，淀粉

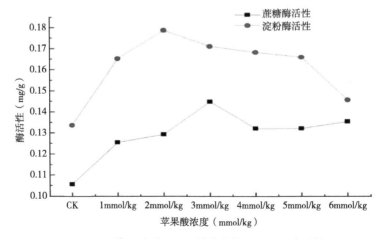

图7-27　苹果酸诱导下土壤中蔗糖酶、淀粉酶活性

酶活性最强,在3~6mmol/kg范围内,淀粉酶活性又开始下降,在6mmol/kg达到最弱。由图7-28可知,随着苹果酸浓度的增大,过氧化氢酶活性呈先增大后下降的趋势,在苹果酸浓度为2mmol/kg时,过氧化氢酶酶活性最大,其后随着苹果酸浓度增加,过氧化氢酶活性迅速下降至对照处理,最终趋于稳定,高浓度(4~6mmol/kg)的苹果酸抑制了过氧化氢酶活性。可见,分别在土壤中添加3mmol/kg、2mmol/kg和2mmol/kg的苹果酸时,土壤中蔗糖酶、淀粉酶和过氧化氢酶的活性分别达到最大值。

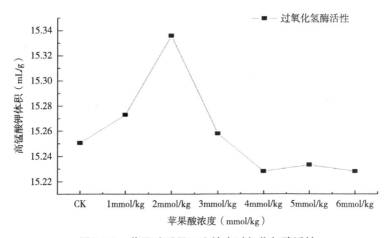

图7-28 苹果酸诱导下土壤中过氧化氢酶活性

7.5.5 酒石酸对土壤中酶活性的影响

在土壤中添加1~6mmol/kg的酒石酸后,土壤中蔗糖酶、淀粉酶和过氧化氢酶的活性变化如图7-29和图7-30所示。由图7-29可知,在1~5mmol/kg酒石酸范围内,土壤蔗糖酶活性一直低于对照处理,当酒石酸浓度达到6mmol/kg时高于对照处理,表明低浓度酒石酸对蔗糖酶活性有一定抑制性;土壤淀粉酶活性在酒石酸浓度低于4mmol/kg时,两者呈显著正相关,相关系数为0.944($P<0.05$),而在酒石酸浓度大于4mmol/kg时,淀粉酶活性开始降低,并在6mmol/kg时低于对照处理,两者表现出负相关,相关系数达到了-0.987($P>0.05$);由图7-30可知,随着酒石酸浓度的增加,过氧化氢酶活性呈先增强后下降的趋势,酒石酸浓度在1~3mmol/kg的范围内,过氧化氢酶活性随酒石酸浓度增加而增强的幅度比较快,两者呈显著正相关,相关系数为0.960($P<0.05$),但随着酒石酸浓度的进一步增大,酶活性迅速下降,并最终低

于对照处理，两者呈显著负相关，相关系数为-0.986（*P*<0.05）。可见，在土壤中添加酒石酸诱导，土壤中蔗糖酶的活性几乎不受影响，只在高浓度（6mmol/kg）时，出现轻度被激活现象，而土壤淀粉酶和过氧化氢酶的活性在外加酒石酸浓度为4mmol/kg和3mmol/kg时，分别出现最大值，在很低或很高浓度的酒石酸诱导下，对土壤酶活性的促进无明显效果。

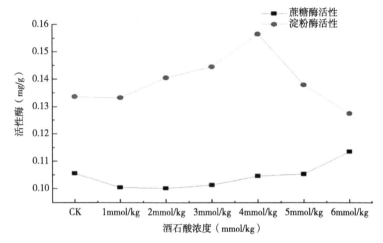

图7-29　酒石酸诱导下土壤中蔗糖酶、淀粉酶活性

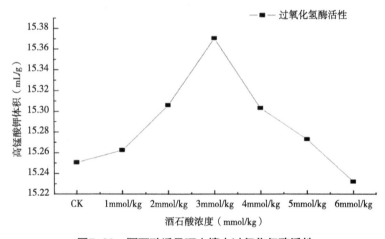

图7-30　酒石酸诱导下土壤中过氧化氢酶活性

7.5.6　结论

（1）土壤中蔗糖酶活性在4mmol/kg乙酸、1mmol/kg草酸、1mmol/kg柠檬酸、3mmol/kg苹果酸诱导时，激活作用最明显，低浓度酒石酸对蔗糖酶活性有明显抑制性。

（2）有机酸对淀粉酶活性的增加效果比较明显。淀粉酶活性分别在2mmol/kg乙酸、3mmol/kg草酸、3mmol/kg柠檬酸、2mmol/kg苹果酸、4mmol/kg酒石酸诱导下表现出最强活性。

（3）土壤中过氧化氢酶活性在受到有机酸诱导作用后，酶活性均表现出先上升，达到峰值后，开始下降趋势。过氧化氢酶活性在乙酸浓度为5mmol/kg、草酸浓度为2mmol/kg、柠檬酸浓度为4mmol/kg、苹果酸浓度为2mmol/kg、酒石酸浓度为3mmol/kg时酶活性表现最强。

8 外源有机酸诱导的油葵修复镉污染特征研究

8.1 试验设计

试种作物为油葵先瑞2号，试验设计重金属Cd浓度为20mg/kg，加入有机酸类型为草酸、乙酸、酒石酸、苹果酸和柠檬酸，有机酸浓度为1mmol/kg、2mmol/kg、3mmol/kg、4mmol/kg、5mmol/kg和6mmol/kg，分别在油葵生长20d、30d、40d、50d时加入有机酸。收获后测定土壤重金属镉含量及在土壤中的存在形态，油葵根、茎和叶中的镉含量和非蛋白巯基含量及其干重。

8.2 植株非蛋白巯基含量分析

非蛋白巯基（Non-protein thiol，NPT）是植物重金属解毒机制中的主要物质之一，它主要由富含巯基的物质组成，包括植物螯合肽（PCs）、谷胱甘肽（GSH）、谷氨酰半胱氨酸（γ-EC）、半胱氨酸（Eysteine）等，巯基能结合Cd离子，减少细胞内自由态Cd，对Cd污染修复研究具有重要意义。不同处理NTP分析见表8-1。由表8-1和表8-2可知，生长20d时加入有机酸，不同浓度间叶片NTP含量差异不显著（$P>0.05$），可见，生长20d时不同有机酸浓度对油葵叶片中非蛋白巯基含量影响不明显。草酸和乙酸与苹果酸有显著差异，与对照处理相比，加入草酸和乙酸显著减少了叶片中NTP的含量，而加入苹果酸显著增加了叶片中NTP的含量。草酸处理较对照减少了28.8%，乙酸处理较对照减少了29.0%，而苹果酸处理较对照增加了15.6%，其中1mmol/kg增效最大，较对照增加58.9%；而对油葵茎中NTP含量分析得出，不同有机酸类型和不同有机酸浓度对茎中NTP的影响不显著。对根中NTP含量分析得出，柠檬酸处理的根中NTP含量与其他有机酸处理有极显著差异，比对照处理增加11.9%，尤其是4mmol/kg的促进效果最明显，较对照增加32.5%。总体上有机酸的加入对叶片中NTP含量有抑制作用，而对茎和根中NTP增加都有促进作用。

生长30d时加入有机酸，对叶片中NTP含量分析得出，不同有机酸与对照处理均存在显著差异（$P<0.05$），不同有机酸抑制叶片中NTP的增加，其中草酸的抑制效果最明显，不同浓度分析得出，除了4mmol/kg的浓度，其他浓度与对照处理均有显著差异，均显著减少叶中NTP的含量。其中2mmol/kg的苹果酸抑制效果最明显，较对照减少31.08%。对茎中NTP的分析得出，酒石酸与其他有机酸处理间有显著差异，酒石酸的加入增加了茎中NTP的含量，较对照增加1.06%。不同浓度分析得出，仅4mmol/kg的浓度与对照有显著差异，较对照减少10.74%。根系中NTP分析得出，草酸、乙酸、酒石酸和苹果酸的加入有利于根系NTP的增加，其中草酸的促进作用最明显。综上所述，有机酸的加入对叶片和茎中NTP含量有抑制的作用，而对根中NTP有促进的作用。

油葵生长40d时加入有机酸，对叶片中NTP分析得出，在5%的显著水平下，有机酸对叶片中NTP含量的影响因有机酸的不同而有所不同，酒石酸、苹果酸和草酸处理较对照处理叶片中的NTP增加，分别较对照处理增加了39.26%、27.79%和18.38%。而柠檬酸和乙酸处理较对照处理叶片中NTP减少，分别较对照处理减少21.68%和14.25%。对茎中NTP含量的分析得出，在5%的显著水平下，乙酸、苹果酸、柠檬酸处理与对照处理存在显著差异，苹果酸处理较对照处理增加14.89%。对不同浓度方差分析得出，不同有机酸处理与对照差异不显著。对根中NTP分析得出，苹果酸处理与对照处理及其他有机酸处理间存在显著差异，较对照处理增加20.81%。浓度为1mmol/kg的处理较对照处理增加16.11%。

油葵生长50d时加入有机酸后，分析叶片中NTP含量得出，不同有机酸和不同浓度与对照处理间均不显著。而不同有机酸处理茎中NTP含量与对照处理间均有显著差异，较对照处理增幅在30%~50%范围内，而不同浓度处理，除3mmol/kg外，各浓度均与对照处理存在显著差异。而根系中NTP含量分析得出，不同有机酸和不同浓度处理均与对照处理间存在极显著差异，不同有机酸处理较对照处理的增幅在35%~50%范围内。

综合以上分析得出，在油葵生长20~30d时，加入有机酸，减少了叶片中NTP的含量，而在生长40d加入，对叶片中NTP含量的影响有增有减，即草酸、酒石酸、苹果酸有增加的作用，而乙酸和柠檬酸有减小的作用，但生长到50d时，加入有机酸，仅酒石酸有轻微的减小效果，其他有机酸均增加了叶片中NTP的含量，可见，随生长时间的推移，越晚加入有机酸，越有利于叶片中NTP含量的增加。有机酸的加入增加了茎和根中NTP的含量，随生长时间的推移，增加效果更明显。具体每个生育阶段不同部位作用显著的有机酸为，生长40d时，酒石酸处理叶片中NTP含量增加45.8%；生长50d时，苹果酸处理茎中NTP含量增加50.4%；生长40d时，苹果酸处理根中NTP含量增加75.0%。

表8-1　不同生长时间油葵不同部位NTP含量

植株部位	加酸时间（d）	对照	草酸	乙酸	酒石酸	苹果酸	柠檬酸
叶	20	0.96ab	0.72b	0.72b	0.88ab	1.09a	0.84ab
	30	0.96a	0.73b	0.83b	0.84b	0.78b	0.80b
	40	0.96c	1.13c	0.82b	1.33a	1.22a	0.75b
	50	0.96a	1.04a	1.12a	0.94a	1.31a	1.02a
茎	20	0.96a	1.05a	1.12a	1.05a	1.06a	1.15a
	30	0.96a	1.06a	1.07a	1.17b	1.01a	0.98a
	40	0.96a	1.08a	1.25b	1.07a	1.33a	1.22b
	50	0.96b	1.21a	1.25a	1.24a	1.37a	1.34a
根	20	0.96a	1.12a	1.01a	1.01a	0.99a	1.45b
	30	0.96c	1.59b	1.44b	1.50b	1.29b	1.17b
	40	0.96c	1.28b	1.29b	1.16bc	1.58a	1.20bc
	50	0.96b	1.25a	1.36a	1.37a	1.36a	1.37a

注：表中小写字母表示各处理同行结果在0.05水平差异显著。下同

表8-2　不同生长时间有机酸对油葵不同部位NTP含量的影响分析

加入时间	20d	30d	40d	50d
NTP叶中增量（%）	-13.3	-20.0	11.6	15.4
NTP茎中增量（%）	15.4	12.3	28.4	39.5
NTP根中增量（%）	19.2	53.6	41.5	46.8

采用方差分析的方法，对不同处理的敏感性进行分析（表8-3），仅在生长30d时加入有机酸，不同有机酸类型和浓度对叶片中NTP含量的影响较敏感

（P<0.05）；而对油葵茎中NTP含量分析得出，生长30～40d时加入有机酸，不同有机酸对其的影响较敏感（P<0.05），而不同浓度对其影响不敏感。生长到50d时加入有机酸，有机酸类型和浓度均对茎中NTP的影响较敏感。可见，不同有机酸类型对茎中NTP的影响效果大于不同浓度的影响效果，且随生长时间的推移影响更明显。对根中NTP含量的分析得出，无论何时加入有机酸，不同有机酸类型对根系中NTP的影响较明显，而不同浓度的影响在生长40～50d时影响较明显，尤其是生长50d时效果较明显。因此，不同有机酸类型和不同有机酸浓度只有在油葵生长30d时对叶片中NTP的含量影响明显，而对生长50d时的茎中NTP的含量影响明显，对生长40～50d时的根中NTP影响明显。

表8-3　不同处理方差分析P值一览表

	加入时间	20d	30d	40d	50d
叶	有机酸类型间	0.068	0.006	0.022	0.264
	有机酸浓度间	0.469	0.000	0.077	0.666
茎	有机酸类型间	0.445	0.001	0.021	0.003
	有机酸浓度间	0.604	0.218	0.225	0.003
根	有机酸类型间	0.000	0.022	0.004	0.002
	有机酸浓度间	0.067	0.077	0.021	0.002

8.3　干物质质量分析

8.3.1　根系干物质质量分析

8.3.1.1　单因素方差分析

（1）加入有机酸时间。对单一影响因素进行方差分析（表8-4），不同加入时间差异显著性检验分析得出，油葵生长40d和50d与20d和30d有显著差异，生长20d和30d时，有机酸的加入显著增加了根系干物质质量。

（2）不同有机酸类型。不同有机酸处理间差异显著性检验分析得出（表8-5），苹果酸和乙酸之间存在显著差异，乙酸较对照显著增加，增幅为46.1%，而苹果酸处理与对照处理相差较小。

（3）不同有机酸浓度。不同有机酸浓度处理间差异显著性检验分析得出

（表8-6），不同浓度间根系干物质质量差异不显著。可见，不同浓度有机酸对根系干物质质量影响不大。

表8-4　不同生长时段处理方差分析结果

生长阶段（d）	20	30	40	50	对照
根质量均值（g）	0.37A	0.40A	0.30B	0.29B	0.26B

注：表中大写字母表示各处理同行数据在0.01水平上差异显著。下同

表8-5　不同有机酸处理方差分析结果

有机酸类型	草酸	乙酸	酒石酸	苹果酸	柠檬酸	对照
根质量均值（g）	0.34AB	0.38A	0.34AB	0.29B	0.34AB	0.26B

表8-6　不同有机酸浓度处理方差分析结果

有机酸浓度	0	1	2	3	4	5	6
根质量均值（g）	0.26A	0.33A	0.35A	0.37A	0.33A	0.32A	0.34A

8.3.1.2　双因素方差分析

（1）有机酸类型与生长阶段间交互影响分析。对有机酸类型与生长阶段这2个影响因素进行方差分析，不同有机酸在不同生长时间加入后油葵根系干物质质量平均值及5%水平下的差异显著性检验结果见表8-7。在油葵生长20d时加入有机酸，苹果酸与草酸、乙酸、酒石酸和柠檬酸间存在显著差异。在油葵生长20d时加入草酸、乙酸、酒石酸和柠檬酸均有利于根系干物质质量的增加，其中乙酸的效果最明显，较对照的增量为69.2%，而苹果酸的作用不明显。油葵生长30d时加入有机酸，不同有机酸均有利于根系干物质质量的增加，其中草酸的效果最明显，增量为76.9%，但不同有机酸类型间差异不显著。生长40d时加入有机酸，乙酸与草酸、酒石酸和苹果酸间存在显著差异，即乙酸显著增加油葵根系干物质质量，其增量为53.8%，而草酸、酒石酸和苹果酸对根系干物质质量的影响不明显。生长50d时加入有机酸，乙酸、酒石酸和柠檬酸有促进根系增加的作用，而草酸有轻微的抑制作用，其中草酸和乙酸间存在显著差异。可见，生长20～30d时，加入有机酸较有利于根系的生长，其中生长20d时加入乙酸，生长30d时加入草酸有利于油葵根系干物质质量的增加。

表8-7 不同生长时间、不同有机酸处理方差分析结果

生长阶段（d） / 有机酸类型	草酸	乙酸	酒石酸	苹果酸	柠檬酸
20	0.39a	0.44a	0.40a	0.26b	0.37a
30	0.46a	0.38a	0.40a	0.41a	0.37a
40	0.29b	0.40a	0.26b	0.22b	0.32ab
50	0.22b	0.34a	0.32ab	0.27ab	0.30ab

（2）有机酸浓度与生长阶段间交互影响分析。对有机酸浓度与生长阶段这2个影响因素进行方差分析，不同有机酸浓度在不同生长时间加入后油葵根系干物质质量平均值及5%水平下的异显著性检验结果见表8-8。基本上不同生长阶段不同浓度间差异不显著。

表8-8 不同生长时间、不同有机酸浓度处理方差分析结果

生长阶段（d） / 有机酸浓度（mmol/kg）	1	2	3	4	5	6
20	0.29b	0.35ab	0.42a	0.39ab	0.37ab	0.40ab
30	0.42a	0.44a	0.41a	0.37a	0.37a	0.38a
40	0.33a	0.33a	0.27a	0.27a	0.26a	0.32a
50	0.29a	0.27a	0.36a	0.28a	0.26a	0.27a

（3）有机酸类型与有机酸浓度间交互影响分析。对有机酸类型与浓度这2个影响因素进行方差分析，不同有机酸类型和浓度处理油葵根系干物质质量平均值及5%水平下的差异显著性检验结果见表8-9。加入草酸时，3mmol/kg与5mmol/kg间存在显著差异，3mmol/kg草酸显著增加了油葵根系干物质质量，较对照增加了69.6%；5mmol/kg乙酸与1mmol/kg和6mmol/kg存在显著差异，5mmol/kg显著增加根系干物质质量，较对照增加了85.6%；加入酒石酸时，不同浓度处理间根系干物质质量的差异不显著，但均较对照增加，其中4mmol/kg的增量最大，其增加量为59.3%；苹果酸不同浓度处理间，2mmol/kg与5mmol/kg间根系干物质质量存在显著差异，2mmol/kg的苹果酸增加了油葵根系干物质质量，其增量为39.4%；柠檬酸不同浓度对根系干物质质量影响不显著。3mmol/kg的草酸，5mmol/kg的乙酸对油葵根系干物质质量的增加效果明显。

表8-9 不同有机酸类型、不同有机酸浓度处理方差分析结果

有机酸浓度 （mmol/kg） 有机酸类型	1	2	3	4	5	6
草酸	0.34ab	0.36ab	0.44a	0.32ab	0.27b	0.31ab
乙酸	0.33b	0.41ab	0.40ab	0.37ab	0.48a	0.34b
酒石酸	0.37a	0.30a	0.34a	0.41a	0.30a	0.33a
苹果酸	0.29ab	0.36a	0.26ab	0.27ab	0.21b	0.34ab
柠檬酸	0.34ab	0.32a	0.38a	0.28a	0.32a	0.39a

8.3.2 地上干物质质量分析

8.3.2.1 单因素方差分析

（1）加入有机酸时间。对单一影响因素进行方差分析，不同加入时间在1%的水平下差异显著性检验分析得出（表8-10），油葵生长20d和30d与40d和50d有显著差异，有机酸的加入显著增加了油葵地上部分干物质质量，其中生长20d和30d时加入有机酸分别较对照增加57.2%和85.5%。

表8-10 不同生长时段处理方差分析结果

生长阶段（d）	20	30	40	50	对照
地上部分均值（g）	4.78b	5.64a	4.11c	3.91c	3.04c

（2）不同有机酸类型。不同有机酸处理间差异显著性检验分析得出（表8-11），苹果酸和其他处理间存在显著差异，苹果酸处理与对照处理相差较小。其他有机酸均增加了油葵地上部分干物质质量，其中乙酸的效果最明显，较对照增加62.2%。

表8-11 不同有机酸类型处理方差分析结果

有机酸类型	草酸	乙酸	酒石酸	苹果酸	柠檬酸	对照
地上部分均值（g）	4.72A	4.93A	4.61A	3.40B	4.81A	3.04B

（3）不同有机酸浓度。不同有机酸浓度处理间差异显著性分析得出（表8-12），不同浓度间地上部分干物质质量差异不显著。

表8-12 不同有机酸浓度处理方差分析结果

有机酸浓度	1	2	3	4	5	6
地上部分均值（g）	4.53A	4.67A	4.76A	4.72A	4.35A	4.62A

8.3.2.2 双因素方差分析

（1）有机酸类型与生长阶段间交互影响分析。对有机酸类型与生长阶段这2个影响因素进行方差分析，不同有机酸在不同生长时间加入后油葵地上部分根系干物质质量平均值及5%水平下的差异显著性检验结果见表8-13。在油葵生长20d时加入有机酸，苹果酸与其他有机酸间存在显著差异，苹果酸处理与对照处理差异较小，其他有机酸较对照显著增加，其中酒石酸的效果最明显，较对照增加80.9%。油葵生长30d时加入有机酸，柠檬酸与乙酸、酒石酸和苹果酸存在显著差异，而与草酸差别较小，柠檬酸显著增加了油葵地上干物质，较对照增加了110.2%。油葵生长40d时加入有机酸，草酸和酒石酸、苹果酸存在显著差异，乙酸与酒石酸、苹果酸和柠檬酸存在显著差异，苹果酸与草酸、乙酸和柠檬酸存在显著差异，其中乙酸显著增加地上干物质质量，较对照增加71.5%，苹果酸、柠檬酸和酒石酸较对照增加幅度较小。油葵生长50d时加入有机酸，不同有机酸对地上干物质质量的影响均较小，处理间差异不显著。综合分析得出，油葵生长30d时加入有机酸最有利于地上干物质质量的增加，效果最明显的为柠檬酸。

表8-13 不同生长时间、不同有机酸处理方差分析结果

生长阶段（d） / 有机酸类型	草酸	乙酸	酒石酸	苹果酸	柠檬酸
20	5.00a	5.05a	5.53a	3.47b	4.89a
30	5.74ab	5.17b	5.33b	5.57b	6.39a
40	4.58ab	5.20a	3.52cd	3.04d	4.20bc
50	3.57a	4.31a	4.07a	3.80a	3.78a

（2）有机酸浓度与生长阶段间交互影响分析。对有机酸浓度与生长阶段这2个影响因素进行方差分析，不同有机酸浓度在不同生长时间加入后油葵地上干物质质量平均值及5%水平下的差异显著性检验结果见表8-14。基本上不同生长阶段、不同浓度间差异不显著。

表8-14　不同生长时间、不同有机酸浓度处理方差分析结果

生长阶段（d）	有机酸浓度（mmol/kg） 1	2	3	4	5	6
20	4.04b	4.49ab	5.48a	5.43a	4.58ab	4.68ab
30	5.91a	5.88a	5.33a	5.64a	5.44a	5.63a
40	4.46ab	4.75a	3.58b	3.8ab	3.75ab	4.32ab
50	3.70a	3.57a	4.66a	3.40a	3.65a	3.86a

（3）有机酸类型与有机酸浓度间交互影响分析。对有机酸类型与浓度这2个影响因素进行方差分析，不同有机酸类型和浓度处理油葵地上部分干物质质量平均值及5%水平下的差异显著性检验结果见表8-15。草酸、乙酸和柠檬酸，不同浓度处理间差异不显著，对于酒石酸处理，4mmol/kg与2mmol/kg、5mmol/kg和6mmol/kg间存在显著差异，即4mmol/kg显著增加了油葵地上部分干物质质量，较对照增加了77.5%，对于苹果酸处理，2mmol/kg和6mmol/kg与5mmol/kg间存在显著差异，5mmol/kg对油葵地上部分干物质质量的影响较小，而2mmol/kg和6mmol/kg有显著的增加效果。总体上草酸、乙酸和酒石酸效果较好。

表8-15　不同有机酸类型、不同有机酸浓度处理方差分析结果

有机酸类型	有机酸浓度（mmol/kg） 1	2	3	4	5	6
草酸	4.43a	5.16a	5.55a	4.33a	4.35a	4.50a
乙酸	4.38a	4.92a	4.86a	4.98a	5.36a	5.09a
酒石酸	4.89ab	4.19b	4.95ab	5.43a	4.07b	4.15b
苹果酸	4.13ab	4.43a	3.92ab	3.89ab	3.11b	4.35a
柠檬酸	4.82a	4.66a	4.54a	4.95a	4.89a	5.03a

8.4　重金属含量分析

8.4.1　单因素方差分析

（1）加入有机酸时间。对单一影响因素进行方差分析，不同加入时间差异显著性检验分析得出（表8-16），油葵生长40d和50d与20d和30d有显著差

异，生长20d和30d时，有机酸的加入促进了油葵对土壤中重金属Cd的吸收富集，生长20d时加入有机酸较对照处理增加9.79%，而生长30d时加入有机酸较对照处理增加12.26%。

表8-16 不同生长时段处理方差分析结果

生长阶段（d）	20	30	40	50	对照
土壤Cd含量（mg/kg）	13.54A	13.17A	14.60B	14.61B	15.01B

（2）有机酸类型。不同有机酸处理间差异显著性检验分析得出（表8-17），酒石酸和柠檬酸之间存在极显著差异，柠檬酸可显著提高油葵对Cd的吸收，较对照处理增加10.13%，其次为草酸、乙酸和苹果酸，而酒石酸处理与对照处理相差较小。

表8-17 不同有机酸处理方差分析结果

有机酸类型	草酸	酒石酸	柠檬酸	苹果酸	乙酸	对照
土壤Cd含量（mg/kg）	13.76AB	14.58A	13.49B	14.10AB	13.98AB	15.01A

（3）不同有机酸浓度。不同有机酸浓度处理间差异显著性检验分析得出（表8-18），不同浓度间土壤重金属Cd含量差异不显著。

表8-18 不同有机酸浓度处理方差分析结果

有机酸浓度（mmol/kg）	1	2	3	4	5	6
土壤Cd含量（mg/kg）	13.39A	13.54A	13.55A	14.00A	13.46A	13.65A

8.4.2 双因素方差分析

（1）有机酸类型与生长阶段间交互影响分析。对有机酸类型与生长阶段这2个影响因素进行方差分析，不同有机酸在不同生长时间加入后土壤中重金属Cd含量平均值及5%水平下的差异显著性检验结果见表8-19，有机酸处理较对照的增量见表8-20。不同时间不同有机酸的加入均促进了油葵对重金属Cd的吸收，在油葵生长20d时加入有机酸，酒石酸与柠檬酸间存在显著差异，柠檬酸对油葵吸收富集重金属Cd有极大的促进作用，较对照增加15.59%，而酒石酸作用不明显。油葵生长30d时加入有机酸，苹果酸与酒石酸和乙酸间存在显著差异，苹果酸显著提高了油葵吸收富集Cd，较对照增加18.45%，其次为草酸、柠檬酸，乙酸和酒石酸的作用效果最小。油葵生长40d时加入有机酸，草酸和酒石酸处理间存在显著差异，草酸显著提高了油葵吸收富集Cd，较对照增加7.66%，其他有机酸作用效果不明显。油葵生长50d时加入有机酸，柠檬酸与苹果酸间存在显著差异，柠檬酸显著提高了油葵吸收富集Cd，较对照增加7.66%，其他有机酸对其作用不明显。综合分析得出，油葵生长30d时加入有机酸最有利于提高油葵吸收富集Cd，效果最明显的为苹果酸。

表8-19　不同生长时间、不同有机酸处理方差分析结果

生长阶段（d） ＼ 有机酸类型	草酸	酒石酸	柠檬酸	苹果酸	乙酸
20	13.40ab	14.31a	12.67b	14.00ab	13.34ab
30	12.88ab	13.73a	13.07ab	12.24b	13.94a
40	13.86b	15.32a	14.35ab	14.84ab	14.63ab
50	14.90ab	14.96ab	13.86b	15.32a	14.03ab

表8-20　不同生长时间、不同有机酸处理较对照增量（%）

生长阶段（d） ＼ 有机酸类型	草酸	酒石酸	柠檬酸	苹果酸	乙酸
20	10.73	4.66	15.59	6.73	11.13
30	14.19	8.53	12.92	18.45	7.13
40	7.66	−2.07	4.40	1.13	2.53
50	0.73	0.33	7.66	−2.07	6.53

（2）有机酸浓度与生长阶段间交互影响分析。对有机酸浓度与生长阶段这2个影响因素进行方差分析，不同有机酸浓度在不同生长时间加入后土壤中重金属Cd含量平均值及5%水平下的差异显著性检验结果见表8-21，可以看出不同生长阶段不同浓度间差异不显著。

表8-21　不同生长时间、不同有机酸浓度处理方差分析结果

生长阶段（d） ＼ 有机酸浓度（mmol/kg）	1	2	3	4	5	6
20	13.09a	13.43a	12.95a	13.17a	13.03a	12.84a
30	12.35a	12.25a	12.24a	12.94a	12.53a	13.60a

（续表）

生长阶段（d）	有机酸浓度（mmol/kg） 1	2	3	4	5	6
40	13.21c	14.55bc	14.91abc	15.22ab	14.32bc	13.68bc
50	14.89ab	13.93b	14.12b	14.61b	13.96b	14.47b

（3）有机酸类型与有机酸浓度间交互影响分析。对有机酸类型与浓度这2个影响因素进行方差分析，不同有机酸类型和浓度处理油葵地上部分干物质质量平均值及5%水平下的差异显著性检验结果见表8-22。不同浓度间差别不显著。

表8-22 不同有机酸类型、不同有机酸浓度处理方差分析结果

有机酸类型	有机酸浓度（mmol/kg） 1	2	3	4	5	6
草酸	13.65a	12.66a	12.60a	14.13a	13.52a	13.45a
乙酸	13.99a	13.83a	14.24a	14.76a	14.34a	14.60a
酒石酸	12.88a	13.65a	13.56a	13.03a	12.05a	12.94a
苹果酸	13.15a	13.64a	13.52a	14.04a	14.75a	13.30a
柠檬酸	13.27a	13.91a	13.84a	13.97a	12.64a	13.93a

8.5 土壤pH值分析

8.5.1 单因素方差分析

（1）加入有机酸时间。对单一影响因素进行方差分析，不同加入时间差异显著性检验分析得出（表8-23），油葵生长50d和其他时间有显著差异，显著小于对照处理，这可能是由于生长50d时加入有机酸，外源有机酸对土壤中pH值的影响较明显，而其他时间有机酸作用时间较长，对其影响较小。

表8-23 不同生长时段处理方差分析结果

生长阶段（d）	20	30	40	50	对照
土壤pH值	8.57A	8.58A	8.58A	8.54B	8.58A

（2）有机酸类型。不同有机酸处理间差异显著性检验分析得出（表8-24），仅柠檬酸与对照及其他处理间差异显著，其他处理间差异不显著。

表8-24　不同有机酸处理方差分析结果

有机酸类型	草酸	酒石酸	柠檬酸	苹果酸	乙酸	对照
土壤pH值	8.53B	8.56B	8.63A	8.56B	8.55B	8.58B
P<0.01						

（3）不同有机酸浓度。不同有机酸浓度处理间差异显著性检验分析得出（表8-25），2mmol/kg的有机酸可适当降低根际土壤pH值，而其他浓度间差异不显著。

表8-25　不同有机酸浓度处理方差分析结果

有机酸浓度（mmol/kg）	0	1	2	3	4	5	6
土壤pH值	8.58A	8.57A	8.53B	8.55AB	8.56AB	8.59A	8.58A

8.5.2　双因素方差分析

（1）有机酸类型与生长阶段间交互影响分析。对有机酸类型与生长阶段这2个影响因素进行方差分析，不同有机酸在不同生长时间加入后土壤pH值平均值及5%水平下的差异显著性检验结果见表8-26。生长20d时加入有机酸，酒石酸、苹果酸和乙酸处理的pH值与对照处理差异不显著，柠檬酸处理相对较高，草酸处理相对较低，可见草酸的加入有利于根际土壤的pH值的降低。生长30d时加入有机酸，草酸处理相对较低，而酒石酸和苹果酸相对较高。生长40d时加入有机酸，柠檬酸处理较其他处理大，差异显著，苹果酸、酒石酸和草酸处理间差异较小，且小于对照处理。生长50d时加入有机酸，柠檬酸处理相对较大，且与对照处理较接近，而其他处理间差异不大，均较对照处理小。综合分析得出，柠檬酸无论在哪个生育阶段加入均导致较高的pH值，均大于对照处理。而生长20~30d时，草酸处理的pH值相对较小，生长40~50d时，苹果酸处理的pH值相对较小，可见生育前期草酸可有效降低根际pH值，而后期苹果酸可有效降低根际pH值。

表8-26 不同生长时间不同有机酸处理方差分析结果

生长阶段（d） / 有机酸类型	草酸	酒石酸	柠檬酸	苹果酸	乙酸
20	8.52c	8.57bc	8.65a	8.58b	8.53bc
30	8.53b	8.62a	8.58ab	8.61a	8.57ab
40	8.55c	8.53c	8.68a	8.51c	8.60b
50	8.53b	8.52b	8.59a	8.54b	8.51b

（2）有机酸浓度与生长阶段间交互影响分析。对有机酸浓度与生长阶段这2个影响因素进行方差分析，不同有机酸浓度在不同生长时间加入后油葵土壤pH值平均值及5%水平下的差异显著性检验结果见表8-27。油葵生长20~40d加入不同浓度有机酸，各浓度处理除个别浓度外，均与对照处理差异不显著，仅生长50d时，加入1~2mmol/kg和6mmol/kg的有机酸与对照处理间存在显著差异，较对照减少0.7%~1.1%。

表8-27 不同生长时间不同有机酸浓度处理方差分析结果

生长阶段（d） / 有机酸浓度（mmol/kg）	0	1	2	3	4	5	6
20	8.58a	8.57a	8.55a	8.56a	8.57a	8.57a	8.57a
30	8.58ab	8.60ab	8.56bc	8.52c	8.59ab	8.63a	8.60ab
40	8.58bc	8.60ab	8.54bc	8.53c	8.54bc	8.58bc	8.64a
50	8.58ab	8.52cd	8.48d	8.60a	8.53bcd	8.56abc	8.48d

（3）有机酸类型与有机酸浓度间交互影响分析。对有机酸类型与浓度这2个影响因素进行方差分析，不同有机酸类型和浓度处理油葵土壤pH值平均值及5%水平下的差异显著性检验结果见表8-28。对于草酸处理，6mmol/kg处理与对照处理存在显著差异，可显著降低根际土壤pH值；而酒石酸无论是哪个浓度均与对照不存在显著差异，即对根际土壤pH值影响较小；而柠檬酸处理，虽然1mmol/kg、5mmol/kg和6mmol/kg与对照处理存在显著差异，但均较对照处理pH值增加，整体上柠檬酸处理的酸化效果不明显；1~5mmol/kg苹果酸的加入均使根际土壤pH值小于对照处理，尤其是5mmol/kg的效果最明显，与对照处理存在显著差异，较对照处理减少0.82%；对于乙酸处理，仅2mmol/kg与对照处理存在显著差异，较对照处理减少0.82%，其他浓度与对照处理间差

异不显著。可见，降低根际土壤pH值明显的处理为6mmol/kg草酸、5mmol/kg苹果酸以及2mmol/kg乙酸。

表8-28 不同有机酸类型、不同有机酸浓度处理方差分析结果

有机酸类型 \ 有机酸浓度（mmol/kg）	0	1	2	3	4	5	6
草酸	8.58a	8.52ab	8.52ab	8.53ab	8.52ab	5.55ab	8.49b
酒石酸	8.58a	8.57a	8.53a	8.57a	8.56a	8.58a	8.53a
柠檬酸	8.58bc	8.66a	8.57c	8.56c	8.64a	8.70a	8.67a
苹果酸	8.58a	8.57ab	8.54ab	8.57ab	8.54ab	8.51b	8.60a
乙酸	8.58ab	8.54abc	8.51c	8.52bc	8.52bc	8.61a	8.58ab

8.6　土壤EC分析

8.6.1　单因素方差分析

（1）加入有机酸时间。对单一影响因素进行方差分析，不同加入时间差异显著性检验分析得出（表8-29），油葵生长20d和40d的处理和对照处理存在显著差异，分别较对照处理增加了9.8%和3.9%，而生长30d和生长50d的处理与对照处理间差异不显著。总体上随生长时间的推移，根际土壤EC有减小的趋势，即油葵生长20d时加入有机酸的处理根际土壤EC最大，而生长50d时加入有机酸的处理EC最小。

表8-29 不同生长时段处理方差分析结果

生长阶段（d）	20	30	40	50	对照
土壤EC	0.56A	0.52BC	0.53B	0.50C	0.51C

（2）有机酸类型。不同有机酸处理间差异显著性检验分析得出（表8-30），仅柠檬酸与对照及其他处理间差异显著，其他处理差异不显著，柠檬酸较对照处理减少5.88%（结论同pH值）。

表8-30 不同有机酸处理方差分析结果

有机酸类型	草酸	酒石酸	柠檬酸	苹果酸	乙酸	对照
土壤EC	0.55A	0.54A	0.48B	0.53A	0.53A	0.51A

（3）不同有机酸浓度。不同有机酸浓度处理间差异显著性检验分析得出（表8-31），2mmol/kg的有机酸可适当增加根际土壤EC，而其他浓度间差异不显著（结论同pH值）。

表8-31   不同有机酸浓度处理方差分析结果

有机酸浓度（mmol/kg）	0	1	2	3	4	5	6
土壤EC	0.51B	0.52AB	0.55A	0.53AB	0.54AB	0.52AB	0.52AB

8.6.2 双因素方差分析

（1）有机酸类型与生长阶段间交互影响分析。对有机酸类型与生长阶段这2个影响因素进行方差分析，不同有机酸在不同生长时间加入后土壤EC平均值及5%水平下的差异显著性检验结果见表8-32。生长20d时加入有机酸，酒石酸、草酸、苹果酸和乙酸处理的EC与对照处理差异不显著，相差较小，柠檬酸处理较对照显著减小，可见，柠檬酸的加入有利于根际土壤EC的降低。生长30d时加入有机酸，各有机酸处理与对照处理差异不显著，其中苹果酸处理相对较低。生长40d时加入有机酸，柠檬酸和乙酸处理较其他处理小，且显著小于对照处理，较对照处理分别减小3.9%和5.9%。苹果酸处理EC相对较大。生长50d时加入有机酸，柠檬酸和苹果酸处理与对照存在显著差异，较对照分别减小15.7%和9.8%。综合分析得出，柠檬酸无论何时加入均导致EC减小，均小于对照处理，且随生长时间的推移作用效果增强。在生长30d和50d时加入苹果酸效果较明显，在生长40d时加入乙酸效果较好。

表8-32   不同生长时间、不同有机酸处理方差分析结果

生长阶段（d）＼有机酸类型	草酸	酒石酸	柠檬酸	苹果酸	乙酸
20	0.59a	0.58a	0.50b	0.59a	0.55a
30	0.52ab	0.53ab	0.50ab	0.49b	0.55a
40	0.55b	0.54b	0.49c	0.60a	0.48c
50	0.55a	0.51a	0.43b	0.46b	0.54a

（2）有机酸浓度与生长阶段间交互影响分析。对有机酸浓度与生长阶段这2个影响因素进行方差分析，不同有机酸浓度在不同生长时间加入后土壤EC

平均值及5%水平下的差异显著性检验结果见表8-33。油葵生长20~50d加入不同浓度有机酸，各浓度处理除个别浓度外，均与对照处理差异不显著，但根据各处理较对照处理增量表（表8-34）可以看出，生长50d时加入不同浓度有机酸，根际土壤EC减小的效果最明显。

表8-33 不同生长时间、不同有机酸浓度处理方差分析结果

生长阶段（d）	有机酸浓度（mmol/kg） 0	1	2	3	4	5	6
20	0.51c	0.62a	0.56ab	0.56ab	0.57ab	0.54bc	0.56ab
30	0.51a	0.50a	0.52a	0.49a	0.53a	0.52a	0.54a
40	0.51b	0.51b	0.54ab	0.58a	0.56ab	0.54ab	0.50b
50	0.51ab	0.50ab	0.53a	0.48ab	0.49ab	0.47b	0.49ab

表8-34 不同生长时间、不同有机酸浓度处理较对照处理增量（%）

生长阶段（d）	有机酸浓度（mmol/kg） 1	2	3	4	5	6
20	21.57	9.80	9.80	11.76	5.88	9.80
30	−1.96	1.96	−3.92	3.92	1.96	5.88
40	0.00	5.88	13.73	9.80	5.88	−1.96
50	−1.96	3.92	−5.88	−3.92	−7.84	−3.92

（3）有机酸类型与有机酸浓度间交互影响分析。对有机酸类型与浓度这2个影响因素进行方差分析，不同有机酸类型和浓度处理土壤EC平均值及5%水平下的差异显著性检验结果见表8-35。柠檬酸、苹果酸和乙酸处理与对照处理差异不显著，而1mmol/kg、4mmol/kg和6mmol/kg草酸以及2~3mmol/kg酒石酸与对照处理存在显著差异，均大于对照处理，可见均增大了根际土壤盐分的累积。总体而言，不同浓度有机酸的作用效果不明显。

表8-35 不同有机酸类型不同有机酸浓度处理方差分析结果

有机酸类型	有机酸浓度（mmol/kg） 0	1	2	3	4	5	6
草酸	0.51b	0.57a	0.55ab	0.53ab	0.58a	0.53ab	0.59a
酒石酸	0.51c	0.52bc	0.58ab	0.59a	0.53abc	0.54abc	0.52bc

（续表）

有机酸浓度 （mmol/kg） 有机酸类型	0	1	2	3	4	5	6
柠檬酸	0.51a	0.47a	0.51a	0.46a	0.50a	0.45a	0.46a
苹果酸	0.51a	0.54a	0.56a	0.54a	0.53a	0.54a	0.52a
乙酸	0.51a	0.51a	0.57a	0.53a	0.54a	0.53a	0.53a

8.7 土壤氮磷钾分析

对油葵收获后根际土壤总氮、总磷和速效钾进行分析（方差检验$P<0.05$），结果如图8-1至图8-3所示。图8-1为不同加酸时间对根际土壤营养元素的影响。分析得出，不同加酸时间各处理土壤TN与对照处理间差异不显著，而加酸30d、40d与50d处理间存在显著差异，30d加酸处理相对较大，TN含量为0.73g/kg，较对照增加8.2%。对TP的分析得出，各处理与对照处理间存在显著差异，不同时间加酸后显著增加了根际土壤TP含量，其含量随加酸时间的推移呈抛物线趋势变化，生长40d时加入有机酸根际土壤TP含量最大，较对照增加51.5%。对速效钾的分析得出，30d、40d和50d处理与对照间存在差异，均较对照处理有所增加，其中40d加酸处理的增幅最大，较对照处理增加7.4%。总体上，油葵生长40d时加入有机酸活化根际土壤营养元素（TN、TP和K）。

图8-2为不同有机酸类型对根际土壤营养元素的影响。分析得出，不同类型有机酸的加入均有利于根际TN、TP和速效钾的增加，但是，不同处理根际土壤的TN和速效钾与对照处理间差异不显著，而不同处理的TP与对照处理间存在显著差异，其中乙酸和酒石酸的效果最明显，较处理增加36.4%。

图8-3为不同有机酸浓度对根际土壤营养元素的影响。分析得出，不同浓度有机酸均有利于根际土壤TN、TP和速效钾的增加，其中2mmol/kg和6mmol/kg的有机酸处理土壤TN含量与对照处理间存在显著差异。而不同浓度有机酸处理根际土壤TP含量与对照处理间均存在显著差异，较对照增加36.4%~39.4%。但不同浓度间差异不显著。对于速效钾的分析得出，4mmol/kg处理与对照处理间存在显著差异，较对照处理增加7.4%。

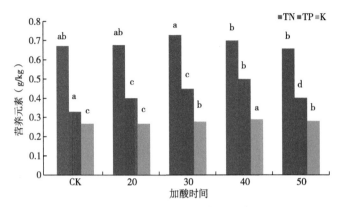

图8-1　不同加酸时间对根际营养元素的影响

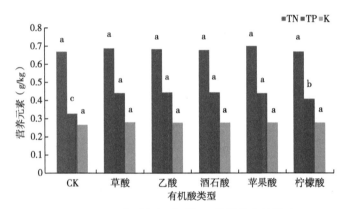

图8-2　不同类型有机酸对根际营养元素的影响

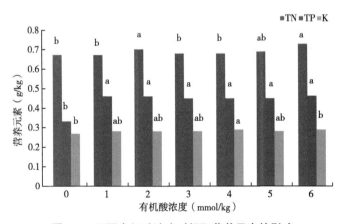

图8-3　不同有机酸浓度对根际营养元素的影响

8.8 土壤镉形态分析

8.8.1 单因素方差分析

（1）加入有机酸时间。对单一影响因素进行方差分析，不同加入时间差异显著性检验分析得出（表8-36），土壤中各形态镉的含量表现为碳酸盐结合态镉＞可交换态镉＞铁锰氧化物结合态＞残渣态＞有机结合态。不同时间加入有机酸对根际土壤重金属形态的影响达到显著水平（$P<0.01$）。油葵生长20～40d时加入有机酸，交换态镉含量与对照处理间存在显著差异，而生长50d时加入有机酸对可交换态含量影响不明显。碳酸盐结合态镉含量分析得出，油葵生长20d、30d和40d加酸处理与对照处理存在显著差异，其中30d加酸处理增幅最大，较对照处理显著增加63%；油葵生长20d、30d和40d加入有机酸后土壤中铁锰氧化物结合态镉的含量与对照处理间存在显著差异，其含量明显低于对照处理，分别较对照处理低46%、43%和20%；油葵生长20d和30d加入有机酸后土壤有机结合态镉的含量与对照处理间存在显著差异，较对照减小31%和19%。在油葵生长各个时期加入有机酸均显著减小了土壤中残渣态镉含量；20d和30d加酸处理全镉含量与对照处理存在显著差异，油葵生长30d时加入有机酸，土壤中全镉含量最低，低于对照处理16.65%。综合分析可知，油葵生长20～30d时加入有机酸有利于重金属向有效态转化。

表8-36　不同生长时段处理方差分析结果

生长阶段（d）	对照	20	30	40	50	P值	F值
可交换态	4.62A	3.83C	3.29D	3.90bC	4.44AB	0	13.19
碳酸盐结合态	4.51C	6.02B	7.35A	6.58aB	4.86C	0	22.01
铁锰氧化物结合态	4.08A	2.19C	2.34C	3.27B	3.99A	0	77.67
有机结合态	0.16A	0.11C	0.13B	0.15AB	0.15A	0	14.48
残渣态	1.63A	0.86B	0.37B	0.74B	0.79B	0	13.63
全量	15.01A	12.77B	12.51B	14.32A	14.17A	0	21.83

（2）有机酸类型。不同有机酸处理间差异显著性检验分析得出（方差检验$P<0.01$）（表8-37），有机酸的加入显著增加了碳酸盐结合态镉的含量，而减小了其他形态镉的含量。分析可交换态镉含量得出，草酸、乙酸、苹果酸和柠檬酸处理可交换态镉含量与对照处理间存在显著差异，较对照处理有减小的

趋势。而不同有机酸的加入显著增加了碳酸盐结合态镉的含量，不同处理与对照处理间存在显著差异，其中酒石酸、柠檬酸、乙酸、苹果酸和草酸处理分别较对照处理增加43%、40%、37%、34%和34%。不同有机酸的加入显著减小了铁锰氧化物结合态镉含量，不同处理与对照处理间存在显著差异，其中草酸和乙酸的减小幅度最大，分别较对照处理减小34%和36%。草酸和乙酸处理的有机结合态镉含量与对照处理间存在显著差异，而酒石酸、苹果酸和柠檬酸处理与对照处理间不存在显著差异。残渣态含量分析得出，柠檬酸、苹果酸、酒石酸和草酸与对照处理间存在显著差异，较对照处理显著减小，分别减少81%、75%、55%和52%。对根际镉全量分析得出，柠檬酸、苹果酸、草酸、乙酸处理与对照处理间存在显著差异，其含量明显低于对照处理，尤其是柠檬酸、草酸和苹果酸处理，分别较对照处理低14%和11%。可见，有机酸的加入显著增加了碳酸盐结合态镉的含量，同时也减少了土壤中总镉的含量，有利于重金属的吸收富集，其中苹果酸、柠檬酸和草酸的效果较明显。

表8-37　不同有机酸处理方差分析结果

有机酸类型	对照	草酸	乙酸	酒石酸	苹果酸	柠檬酸	P值	F值
可交换态	4.62A	3.81BC	3.71BC	4.31AB	3.93BC	3.58C	0.000 3	5.04
碳酸盐结合态	4.51B	6.04A	6.16A	6.45A	6.05A	6.31A	0.000 8	4.47
铁锰氧化物结合态	4.08A	2.71B	2.62B	3.14B	3.26B	3.02B	0	8.91
有机结合态	0.16A	0.13BC	0.12C	0.14AB	0.15AB	0.14AB	0	6.77
残渣态	1.63A	0.79BC	1.21AB	0.73BC	0.40C	0.31C	0	13.77
全量	15.01A	13.33BC	13.41BC	14.30AB	13.33BC	12.84C	0	7.49

（3）不同有机酸浓度。不同有机酸浓度处理间差异显著性检验分析得出（表8-38），不同浓度有机酸对可交换态和有机结合态镉含量影响较小，与对照处理间不存在显著差异，而对碳酸盐结合态、铁锰氧化物结合态、残渣态镉含量以及全量影响较大，与对照处理间存在显著差异。其中不同有机酸浓度减小了可交换态、铁锰氧化物结合态、有机结合态、残渣态含量以及镉全量，而极大增加了碳酸盐结合态镉含量，其中4mmol/kg、5mmol/kg和6mmol/kg增加量最大，分别较对照处理增加44.6%、45.0%和46.6%。总体分析得出，不同浓度有机酸增加了重金属镉的生物有效态含量，减少了土壤中镉的含量，增加了富集效果，其中4～6mmol/kg的有机酸效果最明显。

表8-38 不同有机酸浓度处理方差分析结果

有机酸浓度（mmol/kg）	对照	1	2	3	4	5	6	P值	F值
可交换态	4.62A	3.79AB	3.91AB	3.94AB	3.99AB	3.75B	3.83AB	0.05	2.12
碳酸盐结合态	4.51B	6.01A	5.93A	5.61AB	6.52A	6.54A	6.61A	0.000 9	4.09
铁锰氧化物结合态	4.08A	2.93B	2.86B	2.81B	3.07B	3.04B	2.97B	0.000 2	4.74
有机结合态	0.16A	0.13A	0.13A	0.13A	0.14A	0.14A	0.14A	0.11	1.77
残渣态	1.63A	0.51B	0.85B	1.04AB	0.69B	0.49B	0.56B	0	6.55
全量	15.01A	12.92B	13.54B	13.34B	13.75B	13.46B	13.65B	0.002	3.77

8.8.2 双因素方差分析

（1）有机酸类型与生长阶段间交互影响分析。对有机酸类型与生长阶段这2个影响因素进行方差分析，不同有机酸在不同生长时间加入后土壤中可交换态镉含量在1%水平下的差异显著性检验结果见表8-39和表8-40。由表8-39可以看出，有机酸类型、生长阶段以及两者的交互作用均对可交换态镉含量存在极显著影响（$P<0.01$）。40d加入苹果酸和50d加入草酸后土壤中可交换态镉的含量分别高于对照处理5.41%和4.47%，其他处理下可交换态镉的含量均低于对照处理。

表8-39 不同生长时间、不同有机酸处理可交换态镉含量方差分析

变异来源	平方和	自由度	均方	F值	P值
生长阶段A	16.449 9	3	5.483 3	16.02	0
有机酸类型B	18.943 8	5	3.788 8	11.07	0
A×B	46.328 3	15	3.088 6	9.024	0

表8-40 不同生长时间、不同有机酸处理可交换态镉含量方差分析结果

生长阶段（d） \ 有机酸类型	草酸	乙酸	酒石酸	苹果酸	柠檬酸	对照
20	4.28ABCD	3.75BCDE	4.60AB	3.57CDEF	2.96EF	4.62AB
30	3.32DEF	4.26ABCD	3.44CDEF	2.86EF	2.59F	4.62AB
40	2.81EF	2.60F	4.61AB	4.87A	4.63AB	4.62AB
50	4.83A	4.21ABCD	4.61AB	4.41ABC	4.13ABCD	4.62AB

碳酸盐结合态镉的含量分析见表8-41和表8-42。由表8-41可以看出，有机酸类型、生长阶段以及两者的交互作用均对碳酸盐结合态镉含量存在极显著影响（$P<0.01$）。对于碳酸盐结合态镉的含量，除50d乙酸处理外，其他处理下镉的含量均高于对照处理，其中20d加入柠檬酸后碳酸盐结合态镉含量与对照处理存在极显著差异，高于对照处理65.56%；30d加入酒石酸、苹果酸和柠檬酸处理与对照处理间存在极显著差异，分别较对照处理增加97.56%、62.97%和67.85%；40d加入草酸、乙酸与对照处理间存在极显著差异，分别高于对照74.28%、76.90%；50d加入有机酸与对照处理间差异不显著。可见，30d加入酒石酸最有利于碳酸盐结合态镉含量的增加。

表8-41 不同生长时间、不同有机酸处理碳酸盐结合态镉含量方差分析

变异来源	平方和	自由度	均方	F值	P值
生长阶段A	82.523	3	27.507 7	17.922	0
有机酸类型B	60.262 7	5	12.052 5	7.853	0
A×B	105.770 6	15	7.051 4	4.594	0

表8-42 不同生长时间、不同有机酸处理碳酸盐结合态镉含量方差分析结果

生长阶段（d） \ 有机酸类型	草酸	乙酸	酒石酸	苹果酸	柠檬酸	对照
20	5.52DEFGH	5.21FGH	5.46DEFGH	6.46BCDEFGH	7.47ABCDE	4.51H
30	5.78CDEFGH	7.14ABCDEFGH	8.91A	7.35ABCDEF	7.57ABCD	4.51H
40	7.86ABC	7.98AB	6.15BCDEFGH	5.37EFGH	5.56DEFGH	4.51H
50	5.01GH	4.30H	5.28FGH	5.05GH	4.65H	4.51H

铁锰氧化物结合态镉的含量分析见表8-43和表8-44。从表8-43可以看出，有机酸类型、生长阶段以及两者的交互作用均对铁锰氧化物结合态镉含量存在极显著影响（$P<0.01$）。加入有机酸处理后，除50d加入苹果酸处理外，其他处理铁锰氧化物结合态镉的含量均低于对照处理，可见有机酸的加入显著降低了铁锰氧化物结合态镉含量。不同有机酸处理，随着加入时间的推移，铁锰氧化物结合态镉含量增加，与对照处理间的差异显著性逐渐减小，油葵生长20～30d加入有机酸与对照处理间存在显著差异，而生长40～50d加入有机酸处理与对照处理间差异显著性减小。其中生长20d时，铁锰氧化物结合态镉含量

最小，尤其是乙酸处理。可见，加酸越晚越有利于提高铁锰氧化物结合态镉含量，反之，加酸越早越有利于减小其含量。综合分析得出，生长20d和40d加入乙酸，30d加入柠檬酸对减小铁锰氧化物结合态镉含量的效果最明显，而生长50d加入有机酸与对照处理间不存在显著差异。

表8-43 不同生长时间、不同有机酸处理铁锰氧化物结合态镉含量方差分析

变异来源	平方和	自由度	均方	F值	P值
生长阶段A	53.678 6	3	17.892 9	72.994	0
有机酸类型B	32.824 2	5	6.564 8	26.781	0
A×B	18.581 8	15	1.238 8	5.054	0

表8-44 不同生长时间、不同有机酸处理铁锰氧化物结合态镉含量方差分析结果

生长阶段（d）	有机酸类型 草酸	乙酸	酒石酸	苹果酸	柠檬酸	对照
20	2.09B	1.98B	2.34B	2.41B	2.11B	4.08A
30	2.28B	2.28B	2.59B	2.37B	2.16B	4.08A
40	2.50B	2.46B	3.67A	4.01A	3.71A	4.08A
50	3.97A	3.75A	3.94A	4.23A	4.08A	4.08A

有机结合态镉含量分析见表8-45和表8-46。从表8-45可以看出，有机酸类型、生长阶段以及两者的交互作用均对有机结合态镉含量存在极显著影响（$P<0.01$）。对于有机结合态镉，油葵生长40d加入酒石酸、苹果酸和柠檬酸分别较对照处理增加6.3%、18.8%、6.3%；生长50d加入草酸，较对照处理增加12.5%；其他处理有机结合态镉含量均较对照处理小。可见，油葵生长20~30d时，加入有机酸可有效减少有机结合态镉含量，其中乙酸效果最明显。

表8-45 不同生长时间、不同有机酸处理有机结合态镉含量方差分析

变异来源	平方和	自由度	均方	F值	P值
生长阶段A	0.022 8	3	0.007 6	21.323	0
有机酸类型B	0.027 6	5	0.005 5	15.482	0
A×B	0.046 9	15	0.003 1	8.779	0

表8-46　不同生长时间、不同有机酸处理有机结合态镉含量方差分析结果

生长阶段（d）　　有机酸类型	草酸	乙酸	酒石酸	苹果酸	柠檬酸	对照
20	0.12DEFGH	0.11FGH	0.12DEFGH	0.11DEFGH	0.11EFGH	0.16ABC
30	0.13CDEFG	0.12DEFG	0.15BCD	0.14BCDEF	0.12DEFG	0.16ABC
40	0.11GH	0.09H	0.17AB	0.19A	0.17AB	0.16ABC
50	0.18AB	0.14BCDE	0.13CDEFG	0.16ABC	0.16ABC	0.16ABC

残渣态镉含量分析见表8-47和表8-48。从表8-47可以看出，有机酸类型对有机结合态镉含量存在极显著影响（$P<0.01$），而生长阶段和两者的交互作用对有机结合态镉含量存在显著影响（$P<0.05$）。不同生长阶段不同有机酸处理下，残渣态镉的含量均明显低于对照处理，尤其是苹果酸和柠檬酸处理与对照处理间存在显著差异，另外30～50d加入酒石酸也与对照处理间存在显著差异。可见，在油葵生长期间（20～50d）内，加入苹果酸、柠檬酸和酒石酸可有效减小残渣态镉的含量。

表8-47　不同生长时间、不同有机酸处理残渣态镉含量方差分析

变异来源	平方和	自由度	均方	F值	P值
生长阶段A	3.612 7	3	1.204 2	3.175	0.026 7
有机酸类型B	29.978 4	5	5.995 7	15.808	0
A×B	10.967 6	15	0.731 2	1.928	0.026 6

表8-48　不同生长时间、不同有机酸处理残渣态镉含量方差分析结果

生长阶段（d）　　有机酸类型	草酸	乙酸	酒石酸	苹果酸	柠檬酸	对照
20	0.91BCDEF	1.07ABCDE	1.58ABC	0.66DEFG	0.08FG	1.63AB
30	0.89BCDEF	0.66DEFG	0.00G	0.08FG	0.21FG	1.63AB
40	0.56DEFG	1.87A	0.57DEFG	0.35EFG	0.36EFG	1.63AB
50	0.81BCDEFG	1.24ABCD	0.78CDEFG	0.51DEFG	0.58DEFG	1.63AB

（2）有机酸浓度与生长阶段间交互影响分析。对有机酸浓度与生长阶段这2个影响因素进行方差分析，不同有机酸浓度在不同生长时间加入后土壤可交换态镉含量在1%水平下的差异显著性检验结果见表8-49和表8-50。从表8-49可以看出，生长阶段对可交换态镉含量存在极显著影响（$P<0.01$），而有机酸

浓度对可交换态镉含量存在显著影响（$P<0.05$），但两者的交互作用对可交换态镉含量影响不明显。各处理下可交换态镉的含量见表8-50，不同有机酸浓度在不同生长时间对可交换态镉含量的影响不明显，基本均低于对照处理。

表8-49　不同生长时间、不同有机酸浓度处理可交换态镉含量方差分析

变异来源	平方和	自由度	均方	F值	P值
生长阶段A	16.919 9	3	5.64	7.818	0.000 1
有机酸浓度B	10.592 6	6	1.765 4	2.447	0.029 2
A×B	12.865	18	0.714 7	0.991	0.475 6

表8-50　不同生长时间、不同有机酸浓度处理可交换态镉含量方差分析结果

生长阶段（d）	有机酸浓度（mmol/kg） 0	1	2	3	4	5	6
20	4.62AB	3.77ABC	4.01ABC	4.11ABC	3.89ABC	3.65ABC	3.58ABC
30	4.62AB	3.12BC	3.66ABC	3.17BC	3.34ABC	2.88C	3.58ABC
40	4.62AB	3.28ABC	3.72ABC	4.19ABC	4.39ABC	4.32ABC	3.53ABC
50	4.62AB	4.98A	4.27ABC	4.29ABC	4.32ABC	4.14ABC	4.63AB

对有机酸浓度与生长阶段这2个影响因素进行方差分析，不同有机酸浓度在不同生长时间加入后土壤碳酸盐结合态镉的含量在1%水平下的差异显著性检验结果见表8-51和表8-52。从表8-51可以看出，生长阶段和有机酸浓度对土壤碳酸盐结合态镉的含量存在极显著影响（$P<0.01$），但两者的交互作用对碳酸盐结合态镉的含量影响不明显。加入不同浓度有机酸均在一定程度上增加了土壤中碳酸盐结合态镉的含量，尤其是30d加入4~6mmol/kg的有机酸后土壤碳酸盐结合态镉的含量与对照处理有极显著差异，分别较对照处理增加了77.4%、78.7%和88.2%。从表8-52也可以看出，油葵生长不同时间加入有机酸，其中生长50d时加入有机酸对土壤碳酸盐结合态镉的含量影响相对较小。

表8-51　不同生长时间、不同有机酸浓度处理碳酸盐结合态镉含量方差分析

变异来源	平方和	自由度	均方	F值	P值
生长阶段A	84.880 8	3	28.293 6	13.329	0
有机酸浓度B	66.092 9	6	11.015 5	5.189	0.000 1
A×B	35.826	18	1.990 3	0.938	0.535 9

表8-52　不同生长时间、不同有机酸浓度处理碳酸盐结合态镉含量方差分析结果

生长阶段（d）＼有机酸浓度（mmol/kg）	0	1	2	3	4	5	6
20	4.51C	5.29BC	6.13ABC	5.81ABC	6.36ABC	6.28ABC	6.27ABC
30	4.51C	7.19ABC	6.29ABC	6.07ABC	8.00AB	8.06AB	8.49A
40	4.51C	6.22ABC	6.71ABC	5.63ABC	7.05ABC	6.98ABC	6.91ABC
50	4.51C	5.34BC	4.56C	4.94C	4.66C	4.85C	4.79C

对有机酸浓度与生长阶段这2个影响因素进行方差分析，不同有机酸浓度在不同生长时间加入后土壤铁锰氧化物结合态镉含量在1%水平下的差异显著性检验结果见表8-53和表8-54。从表8-53可以看出，生长阶段、有机酸浓度以及交互作用对土壤铁锰氧化物结合态镉含量存在极显著影响（$P<0.01$）。从表8-54可以看出，随着加入时间的推移，铁锰氧化物结合态镉含量逐渐增加，油葵生长20～30d时，加入1～6mmol/kg有机酸处理与对照处理存在极显著差异，显著小于对照处理，可见生长前期加入有机酸可有效减少铁锰氧化物结合态镉含量。

表8-53　不同生长时间、不同有机酸浓度处理铁锰氧化物结合态镉含量方差分析

变异来源	平方和	自由度	均方	F值	P值
生长阶段A	55.212 3	3	18.404 1	56.546	0
有机酸浓度B	23.037 5	6	3.839 6	11.797	0
A×B	16.132 3	18	0.896 2	2.754	0.000 6

表8-54　不同生长时间、不同有机酸浓度处理铁锰氧化物结合态镉含量方差分析结果

生长阶段（d）＼有机酸浓度（mmol/kg）	0	1	2	3	4	5	6
20	4.08AB	2.33FGH	2.20FGH	1.82H	2.08FGH	2.33FGH	2.37FGH
30	4.08AB	2.34FGH	2.08FGH	1.87GH	2.95CDEFG	2.24FGH	2.55EFGH
40	4.08AB	2.82DEFGH	3.14ABCDEF	3.50ABCDE	3.46ABCDE	3.69ABCD	3.02BCDEF
50	4.08AB	4.25A	4.01ABC	4.04ABC	3.80ABCD	3.90ABCD	3.95ABC

对有机酸浓度与生长阶段这2个影响因素进行方差分析，不同有机酸浓度

在不同生长时间加入后土壤有机结合态镉含量在1%水平下的差异显著性检验结果见表8-55和表8-56。从表8-55可以看出，生长阶段对土壤有机结合态镉含量存在极显著影响（$P<0.01$），而有机酸浓度对土壤有机结合态镉含量存在显著影响（$P<0.05$），但两者交互作用对土壤有机结合态镉含量的影响不明显。从表8-56可以看出，随生长时间的推移，土壤有机结合态镉含量逐渐增大。在油葵生长20d时，加入不同浓度的有机酸处理与对照处理间存在极显著差异，显著低于对照处理。而在生长30d、40d和50d加入有机酸处理与对照处理间不存在显著差异，差异性较小。

表8-55　不同生长时间、不同有机酸浓度处理有机结合态镉含量方差分析

变异来源	平方和	自由度	均方	F值	P值
生长阶段A	0.023 4	3	0.007 8	13.019	0.000 1
有机酸浓度B	0.010 2	6	0.001 7	2.847	0.039 6
A×B	0.010 8	18	0.000 6	0.715	0.789 2

表8-56　不同生长时间、不同有机酸浓度处理有机结合态镉含量方差分析结果

生长阶段（d） ＼ 有机酸浓度（mmol/kg）	0	1	2	3	4	5	6
20	0.16AB	0.11CD	0.12BCD	0.11D	0.11CD	0.11CD	0.12ABCD
30	0.16AB	0.14ABCD	0.13ABCD	0.12BCD	0.14ABCD	0.13ABCD	0.14ABCD
40	0.16AB	0.14ABCD	0.13ABCD	0.12ABCD	0.14ABC	0.13AB	0.14ABCD
50	0.16AB	0.16A	0.15ABCD	0.16AB	0.15ABCD	0.15ABC	0.15ABC

对有机酸浓度与生长阶段这2个影响因素进行方差分析，不同有机酸浓度在不同生长时间加入后土壤残渣态镉含量在1%水平下的差异显著性检验结果见表8-57和表8-58。从表8-57可以看出，有机酸浓度对土壤残渣态镉含量存在极显著影响（$P<0.01$），而生长阶段和两者交互作用对土壤残渣态镉含量影响不显著（$P>0.05$）。从表8-58可以看出，所有处理的残渣态镉含量均小于对照处理，尤其是油葵生长30d时，有机酸浓度为4mmol/kg和5mmol/kg处理，显著小于对照处理，分别较对照处理减小90.2%和92.0%。另外，40d时加入5mmol/kg的有机酸较对照处理减少98.8%。可见不同浓度有机酸均可减小根际土壤残渣态镉含量。

表8-57　不同生长时间、不同有机酸浓度处理残渣态镉含量方差分析

变异来源	平方和	自由度	均方	F值	P值
生长阶段A	3.715 9	3	1.238 6	2.418	0.07
有机酸浓度B	19.967 9	6	3.328	6.498	0
A×B	6.496 2	18	0.360 9	0.705	0.800 2

表8-58　不同生长时间、不同有机酸浓度处理残渣态镉含量方差分析结果

生长阶段（d）	有机酸浓度（mmol/kg） 0	1	2	3	4	5	6
20	1.63A	0.36AB	1.01AB	1.26AB	1.07AB	0.90AB	0.55AB
30	1.63A	0.38AB	0.57AB	0.76AB	0.16B	0.13B	0.20AB
40	1.63A	0.78AB	0.87AB	1.45AB	0.81AB	0.02B	0.54AB
50	1.63A	0.50AB	0.94AB	0.70AB	0.72AB	0.92AB	0.94AB

（3）有机酸类型与有机酸浓度间交互影响分析。对有机酸类型与浓度这2个影响因素进行方差分析，在5%水平下土壤可交换态镉含量及差异显著性检验结果见表8-59和表8-60。从表8-59可以看出，有机酸类型、浓度以及两者的交互影响对土壤可交换态镉含量影响不显著（$P>0.05$）。从表8-60可以看出，各处理与对照处理间不存在显著差异，加入3mmol/kg、4mmol/kg的酒石酸略高于对照处理。

表8-59　不同有机酸类型、不同有机酸浓度处理可交换态镉方差分析

变异来源	平方和	自由度	均方	F值	P值
有机酸类型A	6.508 8	4	1.627 2	1.867	0.121 7
有机酸浓度B	10.592 6	6	1.765 4	2.026	0.068 6
A×B	12.557 2	24	0.523 2	0.6	0.924 4

表8-60　不同有机酸类型、不同有机酸浓度处理可交换态镉方差分析结果

有机酸类型	有机酸浓度（mmol/kg） 0	1	2	3	4	5	6
草酸	4.62A	3.88A	3.88A	3.44A	3.95A	3.88A	3.85A
乙酸	4.62A	3.26A	4.03A	4.02A	4.00A	3.36A	3.56A
酒石酸	4.62A	3.68A	3.61A	4.79A	4.86A	4.34A	4.61A

（续表）

有机酸类型	有机酸浓度（mmol/kg） 0	1	2	3	4	5	6
苹果酸	4.62A	3.96A	4.20A	3.90A	3.69A	3.94A	3.89A
柠檬酸	4.62A	4.14A	3.86A	3.55A	3.44A	3.24A	3.24A

对有机酸类型与浓度这2个影响因素进行方差分析，在5%水平下土壤碳酸盐结合态镉含量及差异显著性检验结果见表8-61和表8-62。从表8-61可以看出，有机酸浓度对土壤碳酸盐结合态镉含量影响极显著（$P<0.01$），而有机酸类型及两者的交互影响对土壤碳酸盐结合态镉含量影响不显著（$P>0.05$）。从表8-62可以看出，加入6mmol/kg的乙酸与对照处理有显著差异，高于对照处理86.0%，加入1mmol/kg的酒石酸与对照处理有显著差异，高于对照处理72.7%，其他处理与对照处理间不存在显著差异。

表8-61　不同有机酸类型、不同有机酸浓度处理碳酸盐结合态镉方差分析

变异来源	平方和	自由度	均方	F值	P值
有机酸类型A	2.508 4	4	0.627 1	0.221	0.926 2
有机酸浓度B	66.092 9	6	11.015 5	3.88	0.001 5
A×B	57.869	24	2.411 2	0.849	0.667 1

表8-62　不同有机酸类型、不同有机酸浓度处理碳酸盐结合态镉方差分析结果

有机酸类型	有机酸浓度（mmol/kg） 0	1	2	3	4	5	6
草酸	4.51C	6.10ABC	5.49ABC	5.54ABC	6.93ABC	6.21ABC	5.99ABC
乙酸	4.51C	5.11BC	5.31BC	5.50ABC	5.44ABC	7.19ABC	8.39A
酒石酸	4.51C	7.79AB	6.97ABC	5.17BC	6.71ABC	6.21ABC	5.84ABC
苹果酸	4.51C	5.03BC	5.48ABC	5.61ABC	6.48ABC	7.26ABC	6.48ABC
柠檬酸	4.51C	6.01ABC	6.38ABC	6.23ABC	7.02ABC	5.85ABC	6.37ABC

对有机酸类型与浓度这2个影响因素进行方差分析，在5%水平下土壤铁锰氧化物结合态镉含量及差异显著性检验结果见表8-63和表8-64。从表8-63可以看出，有机酸浓度对土壤铁锰氧化物结合态镉含量影响极显著（$P<0.01$），

而有机酸类型及两者的交互影响对土壤碳酸盐结合态镉含量影响不显著（$P>0.05$）。从表8-64可以看出，所有处理的土壤碳酸盐结合态镉含量均小于对照处理，尤其是2mmol/kg和3mmol/kg草酸、3mmol/kg乙酸显著低于对照处理，分别较对照处理低42.6%、42.4%和41.2%。

表8-63 不同有机酸类型、不同有机酸浓度处理铁锰氧化物结合态镉方差分析

变异来源	平方和	自由度	均方	F值	P值
有机酸类型A	6.145 1	4	1.536 3	1.73	0.149
有机酸浓度B	23.037 5	6	3.839 6	4.323	0.000 6
A×B	8.385 4	24	0.349 4	0.393	0.994 7

表8-64 不同有机酸类型、不同有机酸浓度处理铁锰氧化物结合态镉方差分析结果

有机酸类型 \ 有机酸浓度（mmol/kg）	0	1	2	3	4	5	6
草酸	4.08A	2.78AB	2.34B	2.35B	3.05AB	3.22AB	2.53AB
乙酸	4.08A	2.67AB	2.42AB	2.40B	2.72AB	2.61AB	2.89AB
酒石酸	4.08A	3.10AB	2.74AB	3.18AB	3.19AB	2.87AB	3.72AB
苹果酸	4.08A	3.27AB	3.54AB	3.10AB	3.00AB	3.47AB	3.15AB
柠檬酸	4.08A	2.85AB	3.26AB	3.01AB	3.40AB	3.03AB	2.56AB

对有机酸类型与浓度这2个影响因素进行方差分析，在5%水平下土壤有机结合态镉含量及差异显著性检验结果见表8-65和表8-66。从表8-65可以看出，有机酸类型对土壤有机结合态镉含量影响极显著（$P<0.01$），而有机酸浓度及两者的交互影响对土壤有机结合态镉含量影响不显著（$P>0.05$）。从表8-66可以看出，不同类型、不同浓度有机酸处理与对照处理间不存在显著差异，但均小于对照处理，有减少土壤有机结合态镉含量的趋势。

表8-65 不同有机酸类型、不同有机酸浓度处理有机结合态镉方差分析

变异来源	平方和	自由度	均方	F值	P值
有机酸类型A	0.014 2	4	0.003 5	3.574	0.009
有机酸浓度B	0.010 2	6	0.001 7	1.724	0.122 5
A×B	0.01	24	0.000 4	0.42	0.991 5

表8-66 不同有机酸类型、不同有机酸浓度处理有机结合态镉方差分析结果

有机酸类型	有机酸浓度（mmol/kg） 0	1	2	3	4	5	6
草酸	0.16A	0.14A	0.12A	0.13A	0.14A	0.14A	0.13A
乙酸	0.16A	0.12A	0.11A	0.11A	0.12A	0.11A	0.12A
酒石酸	0.16A	0.12A	0.13A	0.14A	0.15A	0.14A	0.17A
苹果酸	0.16A	0.15A	0.16A	0.15A	0.14A	0.16A	0.15A
柠檬酸	0.16A	0.15A	0.16A	0.14A	0.14A	0.13A	0.14A

对有机酸类型与浓度这2个影响因素进行方差分析，在5%水平下土壤残渣态镉含量及差异显著性检验结果见表8-67和表8-68。从表8-67可以看出，有机酸类型和浓度对土壤残渣态镉含量影响极显著（$P<0.01$），而两者交互影响对土壤残渣态镉含量影响不显著（$P>0.05$）。从表8-68可以看出，不同处理均小于对照处理，其中1～6mmol/kg的苹果酸和柠檬酸处理与对照处理间存在显著差异。

综合分析得出，各处理下的铁锰氧化物结合态镉、有机结合态镉以及残渣态的镉含量均低于对照处理，而碳酸盐结合态镉含量大于对照处理。土壤可交换态镉含量对有机酸类型、浓度以及两者的交互影响不敏感，碳酸盐结合态、铁锰氧化物结合态镉含量对有机酸浓度的响应较敏感，有机结合态镉含量对有机酸类型较敏感，而残渣态镉含量对有机酸类型和浓度均较敏感。

表8-67 不同有机酸类型、不同有机酸浓度处理残渣态镉方差分析

变异来源	平方和	自由度	均方	F值	P值
有机酸类型A	10.524 1	4	2.631	6.579	0.000 1
有机酸浓度B	19.967 9	6	3.328	8.322	0
A×B	15.060 6	24	0.627 5	1.569	0.062 6

表8-68 不同有机酸类型、不同有机酸浓度处理残渣态镉方差分析结果

有机酸类型	有机酸浓度（mmol/kg） 0	1	2	3	4	5	6
草酸	1.63ABC	0.9BCD	0.85BCD	1.14ABCD	0.62CD	0.26D	0.95BCD
乙酸	1.63ABC	1.02ABCD	2.05A	1.80AB	1.69ABC	0.43D	0.27D

（续表）

有机酸类型 \ 有机酸浓度（mmol/kg）	0	1	2	3	4	5	6
酒石酸	1.63ABC	0.23D	0.90BCD	1.16ABCD	0.50D	1.01ABCD	0.61CD
苹果酸	1.63ABC	0.14D	0.27D	0.60D	0.52D	0.31D	0.26D
柠檬酸	1.63ABC	0.22D	0.17D	0.20D	0.14D	0.44D	0.69D

8.9 生物有效性分析

8.9.1 单因素方差分析

（1）加入有机酸时间。对加入有机酸时间因素进行方差分析，不同加入时间差异显著性检验在1%显著水平下分析得出（表8-69），所有处理的生物有效性系数均大于对照处理，均与对照处理间存在极显著性差异，分别高于对照处理24.59%、29.51%、18.03%和6.6%。

表8-69　不同生长时段处理方差分析结果

生长阶段（d）	20	30	40	50	对照	F值	P值	显著性水平
生物有效性系数	0.76A	0.79A	0.72B	0.65C	0.61D	78.53	0	0.01

（2）有机酸类型。不同有机酸类型处理间差异显著性检验在1%显著水平下分析得出（表8-70），加入草酸、乙酸、酒石酸、苹果酸、柠檬酸后，生物有效性系数均与对照处理间存在显著差异，且均大于对照处理，可见有机酸的加入显著提高了重金属镉的生物可利用性。

表8-70　不同有机酸处理方差分析结果

有机酸类型	草酸	乙酸	酒石酸	苹果酸	柠檬酸	对照	F值	P值	显著性水平
生物有效性系数	0.73A	0.71A	0.73A	0.73A	0.74A	0.61B	13.8	0	0.01

（3）不同有机酸浓度。不同有机酸浓度处理间差异显著性检验在1%显著水平下分析得出（表8-71），加入1~6mmol/kg的有机酸后，镉的生物有效性系数均与对照处理间存在显著性差异，均大于对照处理。

表8-71 不同有机酸浓度处理方差分析结果

有机酸浓度	0	1	2	3	4	5	6	F值	P值	显著性水平
生物有效性系数	0.61B	0.73A	0.72A	0.71A	0.73A	0.74A	0.74A	9.6	0	0.01

综合分析得出，在3个影响因子中，不同加酸时间对生物有效性系数影响最敏感，其中油葵生长20～30d加入有机酸最有利于提高镉的生物有效性。有机酸类型和浓度均对生物有效性有显著影响。

8.9.2 双因素方差分析

（1）有机酸类型与生长阶段间交互影响分析。对有机酸类型与生长阶段这2个影响因素进行方差分析，不同有机酸在不同生长时间加入后生物有效性系数及1%水平下的差异显著性检验结果见表8-72和表8-73。从表8-72分析得出，生长时间、有机酸类型及两者交互作用对生物有效性系数影响极显著（$P<0.01$）。从表8-73分析可知，不同处理生物有效性系数均大于对照处理，不同有机酸类型下油葵生长20～40d时加入有机酸与对照处理间存在极显著差异，显著高于对照处理。其中，油葵生长20d加入柠檬酸后效果最好，高于对照处理34.43%；其次是生长30d时加入酒石酸、苹果酸、柠檬酸处理，分别高于对照处理34.43%、31.15%、31.15%；40d时加入草酸的效果优于其他4种有机酸，高于对照处理26.23%。

表8-72 不同生长时间、不同有机酸类型处理生物有效性系数方差分析

变异来源	平方和	自由度	均方	F值	P值
生长阶段A	0.255 6	3	0.085 2	48.363	0
有机酸类型B	0.298 1	5	0.059 6	33.846	0
A×B	0.129 1	15	0.008 6	4.884	0

表8-73 不同生长时间、不同有机酸类型处理生物有效性系数方差分析结果

生长阶段（d） \ 有机酸类型	草酸	乙酸	酒石酸	苹果酸	柠檬酸	对照
20	0.76ABCDE	0.74BCDE	0.72CDEFG	0.76ABCDE	0.82A	0.61I
30	0.73BCDEF	0.78ABC	0.82A	0.80AB	0.80AB	0.61I
40	0.77ABCD	0.70DEFG	0.71CDEFG	0.69EFGH	0.70DEFG	0.61I
50	0.67FGHI	0.62HI	0.67FGHI	0.66GHI	0.64GHI	0.61I

（2）有机酸浓度与生长阶段间交互影响分析。对有机酸浓度与生长阶段这2个影响因素进行方差分析，不同有机酸浓度在不同生长阶段加入后生物有效性系数及1%水平下的差异显著性检验结果见表8-74和表8-75。从表8-74分析得出，生长阶段和有机酸浓度对生物有效性系数影响极显著（$P<0.01$），而两者交互作用对其影响不显著（$P>0.05$）。从表8-75分析可知，不同时间加入不同浓度有机酸后，生物有效性系数均大于对照处理，其中20d、30d、40d加入1~6mmol/kg的有机酸均与对照处理间存在极显著差异，50d加入不同浓度的有机酸与对照处理间没有显著性差异。可见，20d、30d和40d加入有机酸效果更好。

表8-74　不同生长阶段、不同有机酸浓度处理生物有效性系数方差分析

变异来源	平方和	自由度	均方	F值	P值
生长阶段A	0.262 9	3	0.087 6	36.808	0
有机酸浓度B	0.257 8	6	0.043	18.051	0
A×B	0.065 8	18	0.003 7	1.535	0.090 9

表8-75　不同生长阶段、不同有机酸浓度处理可交换态镉含量方差分析结果

生长阶段（d）	有机酸浓度（mmol/kg） 0	1	2	3	4	5	6
20	0.61f	0.76abc	0.75abc	0.75abc	0.76abc	0.75abc	0.77abc
30	0.61f	0.78abc	0.78abc	0.77abc	0.77abc	0.81a	0.80ab
40	0.61f	0.72cde	0.72cde	0.72cde	0.72cde	0.75abc	0.73bcd
50	0.61f	0.68def	0.63f	0.65ef	0.66ef	0.64f	0.65ef

（3）有机酸类型与有机酸浓度间交互影响分析。对有机酸类型与浓度这2个影响因素进行方差分析，不同有机酸类型不同浓度处理下生物有效性系数及1%水平下的差异显著性检验结果见表8-76和表8-77。从表8-76分析得出，有机酸浓度对生物有效性系数影响极显著（$P<0.01$），而有机酸类型和两者交互作用对其影响不显著（$P>0.05$）。从表8-77分析可知，4~6mmol/kg草酸、5~6mmol/kg乙酸、1~4mmol/kg酒石酸，5~6mmol/kg苹果酸以及1~6mmol/kg柠檬酸均与对照处理有显著差异，显著大于对照处理。

表8-76 不同有机酸类型、不同有机酸浓度处理生物有效性系数方差分析

变异来源	平方和	自由度	均方	F值	P值
有机酸类型A	0.009 6	4	0.002 4	0.968	0.443
有机酸浓度B	0.257 8	6	0.043	17.361	0
A×B	0.059 4	24	0.002 5	0.494	0.975 4

表8-77 不同有机酸类型、不同有机酸浓度处理生物有效性系数方差分析结果

有机酸类型 \ 有机酸浓度（mmol/kg）	0	1	2	3	4	5	6
草酸	0.61b	0.72ab	0.72ab	0.71ab	0.73a	0.74a	0.74a
乙酸	0.61b	0.70ab	0.67ab	0.69ab	0.68ab	0.76a	0.78a
酒石酸	0.61b	0.77a	0.73a	0.74a	0.75a	0.72ab	0.70ab
苹果酸	0.61b	0.72ab	0.72ab	0.70ab	0.73ab	0.75a	0.75a
柠檬酸	0.61b	0.76a	0.75a	0.75a	0.74a	0.74a	0.74a

综合分析可知，20d、30d和40d加入4~6mmol/kg草酸、5~6mmol/kg乙酸，1~4mmol/kg酒石酸、5~6mmol/kg苹果酸以及1~6mmol/kg柠檬酸效果较明显。

8.10 富集系数和转运系数分析

8.10.1 单因素方差分析

（1）加入有机酸时间。对转运系数分析得出（表8-78），在1%显著性检验水平下，加入有机酸后转运系数均大于对照处理，可见有机酸的加入有利于重金属镉向地上部分运移。尤其在油葵生长50d时加入有机酸与对照处理有极显著差异，可见50d时加入有机酸最有利于油葵对镉的转运。在油葵其他生长阶段加入有机酸与对照处理间没有显著差异，同时可以看出随着加酸时间的推后，转运系数呈增大趋势，在生长50d时加入有机酸的转运系数达到最大值。可见，生长50d时加入有机酸最有利于镉向油葵地上部分运移。

对富集系数分析得出（表8-78），加入有机酸后富集系数均大于对照处理，可见有机酸的加入有利于重金属镉的富集。不同生长时间加酸处理与对照处理间均存在极显著差异。油葵生长20~50d加酸处理分别较对照处理增加

36.6%、31.7%、46.3%和53.7%，可见油葵生长50d时加入有机酸最有利于富集系数的增加，有利于镉的吸收富集。

表8-78　不同生长时间处理方差分析结果

生长阶段（d）	20	30	40	50	对照	F值	P值	显著性水平
转运系数	0.86B	0.86B	1.06AB	1.30A	0.98B	7.45	0	0.01
富集系数	0.56AB	0.54B	0.60AB	0.63A	0.41C	19.77	0	0.01

（2）加入有机酸类型。对转运系数分析得出（表8-79），在1%显著性检验水平下，仅柠檬酸处理与对照处理间有差异，较对照处理增加24.49%。其他有机酸处理与对照处理间不存在差异。

对富集系数分析得出（表8-79），在1%显著性检验水平下，不同有机酸处理与对照处理间存在极显著差异。尤其是苹果酸和酒石酸处理显著大于对照处理，较对照处理增加48.78%。可见有机酸的加入，有利于重金属镉的吸收富集，其中以苹果酸、酒石酸和草酸为最佳。

表8-79　不同有机酸类型处理方差分析结果

有机酸类型	草酸	酒石酸	柠檬酸	苹果酸	乙酸	对照	F值	P值	显著性水平
转运系数	0.95b	0.95b	1.22a	1.08ab	0.90b	0.98b	2.11	0.07	0.1
富集系数	0.58a	0.61a	0.53a	0.61a	0.60a	0.41b	11.94	0	0.01

注：表中小写字母表示处理间差异在0.1水平上显著

（3）不同有机酸浓度。对转运系数分析得出（表8-80），不同有机酸浓度处理与对照处理间没有差异，4mmol/kg、5mmol/kg、6mmol/kg浓度处理时，转运系数大于1。可见，高浓度的有机酸有利于镉的转运。

对富集系数分析得出（表8-80），不同有机酸浓度处理与对照处理间均存在极显著差异，但不同浓度间差异不显著。

综合分析得出，对于转运系数，加酸时间为主要影响因素，其次为有机酸类型，最后为有机酸浓度。而对于富集系数，加酸时间、有机酸类型和有机酸浓度均为极显著影响因素。在油葵生长50d加入高浓度（4~6mmol/kg）柠檬酸有利于提高转运系数。油葵生长50d加入苹果酸和酒石酸有利于提高富集系数。

表8-80　不同有机酸浓度处理方差分析结果

有机酸浓度	0	1	2	3	4	5	6	F值	P值	显著性水平
转运系数	0.98A	0.92A	0.89A	0.98A	1.13A	1.10A	1.10A	1.119	0.354 5	无差异
富集系数	0.41B	0.62A	0.60A	0.57A	0.57A	0.57A	0.59A	7.198	0	0.01

8.10.2　双因素方差分析

（1）有机酸类型与生长阶段间交互影响分析。对有机酸类型与生长阶段这2个影响因素进行方差分析，不同有机酸在不同生长时间加入后油葵转运系数差异显著性检验结果见表8-81和表8-82。从表8-81可以看出，生长阶段对转运系数存在极显著影响（$P<0.01$），而有机酸类型对其存在显著影响（$P<0.05$），但两者的交互作用对转运系数存在极显著影响（$P<0.01$）。从表8-82可以看出，油葵生长20d加入有机酸，不同有机酸与对照处理间不存在极显著差异，但苹果酸处理显著高于草酸、乙酸和柠檬酸处理，较对照处理增加了41.86%；柠檬酸处理虽然与对照处理间不存在显著差异，但在30~40d时加入，显著增加了转运系数，较其他有机酸处理效果明显，尤其是油葵生长50d时加入柠檬酸处理显著高于对照处理，较对照处理增加了64.49%。

表8-81　不同生长时间、不同有机酸处理转运系数方差分析

变异来源	平方和	自由度	均方	F值	P值
生长阶段A	3.297 2	3	1.099 1	9.599	0
有机酸类型B	1.667 7	5	0.333 5	2.913	0.016 1
A×B	4.747 9	15	0.316 5	2.765	0.001 1

表8-82　不同生长时间、不同有机酸处理转运系数方差分析结果

生长阶段（d）＼有机酸类型	草酸	乙酸	酒石酸	苹果酸	柠檬酸	对照
20	0.72DE	0.70DE	0.83BCDE	1.39AB	0.66E	0.98BCDE
30	0.72DE	0.76CDE	0.76CDE	0.83BCDE	1.21ABCDE	0.98BCDE
40	0.96BCDE	0.96BCDE	1.20ABCDE	0.83BCDE	1.37ABC	0.98BCDE
50	1.40AB	1.17ABCDE	1.00BCDE	1.28ABCD	1.64A	0.98BCDE

对有机酸类型与生长阶段这2个影响因素进行方差分析，不同有机酸在

不同生长时间加入后油葵富集系数差异显著性检验结果见表8-83和表8-84。从表8-83可以看出，生长阶段和有机酸类型对富集系数存在极显著影响（$P<0.01$），而两者交互作用对其存在显著影响（$P<0.05$）。从表8-84可以看出，在1%显著性检验水平下，对比不同时间不同有机酸类型的富集系数得出，加入有机酸后，富集系数均大于对照处理。但油葵生长20d时加入有机酸，不同有机酸处理与对照处理间不存在显著差异。油葵生长30d时加入有机酸后，草酸和酒石酸处理与对照处理间存在极显著差异，分别较对照处理增加43.90%、48.78%；油葵生长40d时加入有机酸后，酒石酸和苹果酸处理与对照处理之间有极显著差异，分别较对照处理增加了48.78%和85.37%；油葵生长50d时加入有机酸后，各有机酸处理均与对照处理间存在极显著差异，其中乙酸、草酸和酒石酸处理的富集系数相对较大。可见，油葵生长50d时加入有机酸最有利于提高富集系数，尤其乙酸、草酸和酒石酸效果最明显。

表8-83　不同生长时间、不同有机酸处理富集系数方差分析

变异来源	平方和	自由度	均方	F值	P值
生长阶段A	0.118 5	3	0.039 5	4.054	0.008 8
有机酸类型B	0.688 3	5	0.137 7	14.13	0
A×B	0.303 3	15	0.020 2	2.076	0.015 4

表8-84　不同生长时间、不同有机酸处理富集系数方差分析结果

生长阶段（d）	草酸	乙酸	酒石酸	苹果酸	柠檬酸	对照
20	0.57BCD	0.58BCD	0.56BCD	0.57BCD	0.53BCD	0.41D
30	0.59ABC	0.56BCD	0.61ABC	0.51BCD	0.44CD	0.41D
40	0.50BCD	0.59BCD	0.61ABC	0.76A	0.54BCD	0.41D
50	0.65AB	0.66AB	0.65AB	0.59ABC	0.61ABC	0.41D

（2）有机酸浓度与生长阶段间交互影响分析。不同生长时间加入不同浓度有机酸后油葵转运系数差异显著性检验结果见表8-85和表8-86。从表8-85可以看出，生长阶段对转运系数存在极显著影响（$P<0.01$），而有机酸浓度和两者的交互作用对转运系数影响较小。从表8-86可以看出，在1%显著性检验水平下，油葵生长20～50d加入不同浓度有机酸，均与对照处理差异不显著，油葵生长50d时加入有机酸，不同浓度处理转运系数均大于其他时间加入有机

酸的转运系数，可见油葵生长50d时加入有机酸更有利于重金属镉向油葵地上部分转移。

表8-85　不同生长时间、不同有机酸浓度处理转运系数方差分析

变异来源	平方和	自由度	均方	F值	P值
生长阶段A	3.391 5	3	1.130 5	7.673	0.000 1
有机酸浓度B	1.127 1	6	0.187 8	1.275	0.274 5
A×B	2.428	18	0.134 9	0.916	0.561 5

表8-86　不同生长时间、不同有机酸浓度处理转运系数方差分析结果

生长阶段（d） \ 有机酸浓度（mmol/kg）	0	1	2	3	4	5	6
20	0.98AB	0.86AB	0.74B	0.95AB	0.81B	1.03AB	0.78B
30	0.98AB	0.86AB	0.76B	0.71B	1.16AB	0.81B	0.84B
40	0.98AB	0.77B	1.11AB	0.94AB	1.25AB	1.17AB	1.14AB
50	0.98AB	1.18AB	0.97AB	1.30AB	1.40AB	1.40AB	1.63A

不同生长时间加入不同浓度有机酸后油葵富集系数差异显著性检验结果见表8-87和表8-88。从表8-87可以看出，有机酸浓度对富集系数存在极显著影响（$P<0.01$），生长阶段对富集系数存在显著影响（$P<0.05$），两者交互作用对富集系数不存在影响。从表8-88可以看出，在1%显著性检验水平下，油葵生长20～30d时加入有机酸，各处理与对照处理间没有显著差异，油葵生长40d时加入1mmol/kg有机酸与对照处理有极显著差异，高于对照处理80.49%。油葵生长50d时加入有机酸后，各浓度处理富集系数均高于对照处理，尤其是1mmol/kg和2mmol/kg有机酸处理与对照处理有极显著差异，高于对照处理65.85%和68.29%，可见，油葵生长50d时加入有机酸更有利于油葵对重金属镉的富集。

表8-87　不同生长时间、不同有机酸浓度处理富集系数方差分析

变异来源	平方和	自由度	均方	F值	P值
生长阶段A	0.121 9	3	0.040 6	3.329	0.022 2
有机酸浓度B	0.538 1	6	0.089 7	7.35	0
A×B	0.168 6	18	0.009 4	0.768	0.733

表8-88 不同生长时间、不同有机酸浓度处理富集系数方差分析结果

生长阶段（d）	有机酸浓度（mmol/kg） 0	1	2	3	4	5	6
20	0.41B	0.53AB	0.56AB	0.57AB	0.57AB	0.55AB	0.59AB
30	0.41B	0.52AB	0.56AB	0.54AB	0.54AB	0.54AB	0.56AB
40	0.41B	0.74A	0.57AB	0.56AB	0.58AB	0.57AB	0.57AB
50	0.41B	0.68A	0.69A	0.61AB	0.58AB	0.61AB	0.63AB

（3）有机酸类型与有机酸浓度间交互影响分析。不同类型不同浓度有机酸作用后油葵转运系数差异显著性检验结果见表8-89和表8-90。从表8-89可以看出，有机酸类型对转运系数有影响（$P<0.1$），而有机酸浓度和两者交互作用对转运系数不存在影响（$P>0.1$）。从表8-90可以看出，仅4mmol/kg的柠檬酸与对照处理间存在差异，较对照处理增加83.67%，其他处理效果不明显。

表8-89 不同类型、不同浓度有机酸处理转运系数方差分析

变异来源	平方和	自由度	均方	F值	P值
有机酸类型A	1.399 7	4	0.349 9	2.019	0.097
有机酸浓度B	1.127 1	6	0.187 8	1.084	0.376 8
A×B	2.727 1	24	0.113 6	0.656	0.882 4

表8-90 不同类型、不同浓度有机酸处理转运系数方差分析结果

有机酸类型	有机酸浓度（mmol/kg） 0	1	2	3	4	5	6
草酸	0.98b	0.93b	0.80b	0.91b	0.90b	1.05b	1.13b
乙酸	0.98b	0.96b	0.87b	0.80b	0.86b	0.92b	0.98b
酒石酸	0.98b	0.83b	1.07b	0.90b	0.97b	1.07b	0.86b
苹果酸	0.98b	0.89b	0.74b	1.26b	1.14b	1.29ab	1.17b
柠檬酸	0.98b	0.97b	0.99b	1.01b	1.80a	1.20b	1.35ab

注：表中小写字母表示处理间差异在0.1水平上显著

不同类型不同浓度有机酸作用后油葵富集系数差异显著性检验结果见表8-91和表8-92。从表8-91可以看出，有机酸浓度对富集系数有极显著影响（$P<0.01$），而有机酸类型和两者交互作用对富集系数影响较小（$P>0.1$）。从表8-92可以看出，1mmol/kg的苹果酸处理与对照处理间存在极显著差异，较对

照处理增加87.80%。对比不同有机酸处理得出，4mmol/kg、6mmol/kg的草酸富集系数相对较大，高于对照处理46.34%；2mmol/kg、5mmol/kg、6mmol/kg乙酸处理富集系数也相对较大，分别高于对照处理55.70%、56.18%、48.90%；不同浓度的酒石酸处理后，富集系数分别高于对照处理51.22%、41.46%、51.22%、51.22%、6.34%、48.78%；1mmol/kg、4mmol/kg苹果酸处理富集系数分别高于对照处理87.80%、45.90%。可见1mmol/kg的苹果酸处理最有利于油葵对镉的富集。

表8-91 不同类型、不同浓度有机酸处理富集系数方差分析

变异来源	平方和	自由度	均方	F值	P值
有机酸类型A	0.087 5	4	0.021 9	1.707	0.153 9
有机酸浓度B	0.538 1	6	0.089 7	7.002	0
A×B	0.224 8	24	0.009 4	0.731	0.809 1

表8-92 不同类型、不同浓度有机酸处理富集系数方差分析结果

有机酸类型 \ 有机酸浓度（mmol/kg）	0	1	2	3	4	5	6
草酸	0.41B	0.58AB	0.56AB	0.57AB	0.60AB	0.57AB	0.60AB
乙酸	0.41B	0.58AB	0.63AB	0.56AB	0.55AB	0.65AB	0.62AB
酒石酸	0.41B	0.62AB	0.58AB	0.62AB	0.62AB	0.60AB	0.61AB
苹果酸	0.41B	0.77A	0.65AB	0.55AB	0.60AB	0.54AB	0.54AB
柠檬酸	0.41B	0.53AB	0.56AB	0.56AB	0.47B	0.49B	0.57AB

综上所述，50d加入6mmol/kg的柠檬酸有利于油葵对镉向植株的地上部分转移，40d加入1mmol/kg的苹果酸更有利于油葵对镉的富集。

8.11 土壤酶活性分析

8.11.1 单因素方差分析

（1）加入有机酸时间。对不同加入有机酸时间影响下淀粉酶、蔗糖酶和过氧化氢酶进行方差分析（表8-93），在1%的显著性水平下分析得出，在油葵生长20d、30d和40d时加入有机酸后，土壤淀粉酶活性与对照处理存在极显著差异，显著降低了土壤中淀粉酶活性。而油葵生长30d、40d和50d时加入有机酸后土壤蔗糖酶活性与对照处理存在极显著差异，分别较对照处理显著

增加46%、50%和46%。而油葵生长20～50d，不同时间加入有机酸处理土壤过氧化氢酶均与对照处理间存在极显著差异，分别较对照处理增加34.43%、25.41%、35.25%和38.52%。可见，有机酸可显著增加蔗糖酶和过氧化氢酶活性，而降低了淀粉酶的活性。

表8-93 不同生长时段处理方差分析

	对照	20	30	40	50	F值	P值	显著性水平
淀粉酶	0.21A	0.19B	0.13C	0.14C	0.21A	52.1	0	0.01
蔗糖酶	0.50B	0.57B	0.73A	0.75A	0.73A	16.46	0	0.01
过氧化氢酶	1.22B	1.64A	1.53A	1.65A	1.69A	14.28	0	0.01

（2）加入有机酸类型。不同有机酸类型差异显著性检验分析得出（表8-94），不同有机酸处理土壤淀粉酶、蔗糖酶和过氧化氢酶与对照处理间均存在极显著差异，不同有机酸类型处理土壤淀粉酶极显著小于对照处理，不同有机酸类型处理土壤蔗糖酶和过氧化氢酶极显著大于对照处理，可见有机酸类型较加酸时间更敏感。

表8-94 不同有机酸类型处理方差分析结果

	对照	草酸	乙酸	酒石酸	苹果酸	柠檬酸	F值	P值	显著性水平
淀粉酶	0.21A	0.17B	0.17B	0.15B	0.17B	0.18B	5.92	0.000 1	0.01
蔗糖酶	0.50B	0.69A	0.65A	0.72A	0.66A	0.75A	6.55	0	0.01
过氧化氢酶	1.22B	1.67A	1.62A	1.66A	1.49A	1.69A	10.11	0	0.01

（3）不同有机酸浓度。不同有机酸浓度差异显著性检验分析得出（表8-95），对于淀粉酶，不同有机酸浓度处理与对照处理间存在极显著差异，显著小于对照处理；对于蔗糖酶，1～3mmol/kg和6mmol/kg处理与对照处理间存在极显著差异，显著大于对照处理；对于过氧化氢酶，不同有机酸浓度处理与对照处理间均存在极显著差异，显著大于对照处理。

表8-95 不同有机酸浓度处理方差分析结果

	对照	1	2	3	4	5	6	F值	P值	显著性水平
淀粉酶	0.21A	0.17B	0.17B	0.17B	0.17B	0.17B	0.17B	3.14	0.006 5	0.01
蔗糖酶	0.50B	0.70A	0.72A	0.66A	0.63AB	0.69B	0.75A	4.75	0.000 2	0.01
过氧化氢酶	1.22B	1.57A	1.59A	1.61A	1.65A	1.64A	1.69A	5.92	0	0.01

　　总体上不同生长时间加入不同类型、不同浓度有机酸后土壤中淀粉酶显著减小，蔗糖酶和过氧化氢酶显著增大，可见有机酸可显著提高土壤中蔗糖酶和过氧化氢酶的活性，降低淀粉酶活性。相比于有机酸施加量、施加时间，有机酸类型影响最明显。

8.11.2　双因素方差分析

　　（1）有机酸类型与生长阶段间交互影响分析。对有机酸类型与生长阶段这2个影响因素进行方差分析，不同有机酸在不同生长时间加入后油葵土壤酶活性及5%水平下的差异显著性检验结果见表8-96。对于淀粉酶分析得出（表8-96a），生长20d和30d时加入有机酸，不同有机酸类型与对照处理间存在显著差异，显著小于对照处理，在油葵生长40d时，除柠檬酸处理外，各处理土壤淀粉酶活性与对照处理间存在显著差异，显著小于对照处理。而油葵生长50d时，加入不同类型有机酸处理与对照处理间不存在显著差异，与对照处理的淀粉酶含量相同。

表8-96a　不同生长时间、不同有机酸处理土壤淀粉酶方差分析结果

生长阶段（d）	有机酸类型　草酸	乙酸	酒石酸	苹果酸	柠檬酸	对照
20	0.19bc	0.19c	0.19c	0.19c	0.19c	0.21a
30	0.19c	0.16d	0.10e	0.11e	0.11e	0.21a
40	0.11e	0.11e	0.11e	0.18cd	0.21a	0.21a
50	0.21a	0.21ab	0.21ab	0.21a	0.21a	0.21a

　　对于蔗糖酶分析得出（表8-96b），油葵生长20d时，加入不同类型的有机酸对土壤蔗糖酶影响不明显，与对照处理间不存在显著差异；而油葵生长30d时加入有机酸，酒石酸、苹果酸和柠檬酸处理与对照处理间存在显著差异，显著大于对照处理，分别较对照处理增加70%、48%和52%；油葵生长40d时加入有机酸，草酸、乙酸和酒石酸处理与对照处理间存在显著差异，分别较对照处理增加82%、72%和36%；油葵生长50d时，酒石酸和柠檬酸处理与对照处理间存在显著差异，分别较对照处理增加48%和104%。可见，草酸和乙酸在油葵生长40d时对土壤蔗糖酶活性影响较明显，酒石酸在油葵生长30～50d时作用较明显，苹果酸在油葵生长30d时作用较明显，而柠檬酸在油葵生长30d和

50d时作用效果最明显。

表8-96b　不同生长时间、不同有机酸处理土壤蔗糖酶方差分析结果

生长阶段（d）\有机酸类型	草酸	乙酸	酒石酸	苹果酸	柠檬酸	对照
20	0.53fgh	0.45h	0.63defg	0.64defg	0.59defgh	0.50gh
30	0.67defg	0.64defg	0.85bc	0.74cde	0.76bcd	0.50gh
40	0.91ab	0.86bc	0.68def	0.67defg	0.63defg	0.50gh
50	0.65defg	0.65defg	0.74cde	0.58efgh	1.02a	0.50gh

对于过氧化氢酶分析得出（表8-96c），在油葵生长20d时，加入乙酸、酒石酸和柠檬酸处理与对照处理间存在显著差异，分别较对照处理增加34.43%、50.82%和32.79%。油葵生长30d时，加入酒石酸和柠檬酸处理与对照处理间存在显著差异，分别较对照处理增加35.25%和46.72%。油葵生长40d时，加入草酸、乙酸和柠檬酸处理与对照处理间存在显著差异，分别较对照处理增加63.93%、36.89%和40.16%。油葵生长50d时，加入草酸、乙酸、酒石酸和柠檬酸处理与对照处理间存在显著差异，分别较对照处理增加33.61%、52.46%、44.26%和35.25%。可见，草酸在油葵生长40～50d时，可显著增加土壤过氧化氢酶活性，乙酸在40～50d时可显著增加土壤过氧化氢酶活性，酒石酸在20～30d时可显著增加土壤过氧化氢酶活性，柠檬酸在油葵生长20～50d对土壤过氧化氢酶活性存在显著影响，但苹果酸无论在油葵生长哪个时段均对土壤过氧化氢酶活性的影响不明显。

表8-96c　不同生长时间、不同有机酸处理土壤过氧化氢酶方差分析结果

生长阶段（d）\有机酸类型	草酸	乙酸	酒石酸	苹果酸	柠檬酸	对照处理
20	1.54bcdef	1.64bcde	1.84abc	1.54bcdef	1.62bcde	1.22f
30	1.52bcdef	1.31ef	1.65bcde	1.38def	1.79abc	1.22f
40	2.00a	1.67abcde	1.39def	1.49cdef	1.71abcd	1.22f
50	1.63bcde	1.86ab	1.76abc	1.53bcdef	1.65bcde	1.22f

综上所述，油葵生长20d和40d时加入乙酸、草酸和柠檬酸，30d和50d时加入酒石酸和柠檬酸对土壤过氧化氢酶活性影响较大。

（2）有机酸浓度与生长阶段间交互影响分析。对有机酸浓度与生长阶段这2个影响因素进行方差分析，不同有机酸浓度在不同生长时间加入后油葵土壤酶活性及5%水平下的差异显著性检验结果见表8-97。对于土壤淀粉酶分析得出（表8-97a），油葵生长20d和50d时加入不同浓度有机酸，各处理与对照处理间不存在显著差异，即不同浓度有机酸对土壤淀粉酶活性影响不明显。油葵生长30~40d时加入不同浓度有机酸，淀粉酶活性均显著低于对照处理。

表8-97a　不同生长时间、不同有机酸浓度处理土壤淀粉酶方差分析结果

生长阶段（d）	有机酸浓度（mmol/kg） 0	1	2	3	4	5	6
20	0.21a	0.19ab	0.19ab	0.19ab	0.19ab	0.19ab	0.19ab
30	0.21a	0.14c	0.14c	0.14c	0.14c	0.12c	0.12c
40	0.21a	0.13c	0.13c	0.15bc	0.15bc	0.15bc	0.15bc
50	0.21a	0.21a	0.21a	0.21a	0.21a	0.21a	0.21a

对于土壤蔗糖酶分析得出（表8-97b），油葵生长20d时加入不同浓度有机酸，各处理与对照处理间差异不显著，油葵生长30d时，加入2mmol/kg和6mmol/kg的有机酸处理与对照处理间存在显著差异，显著大于对照处理；油葵生长40d时，加入1mmol/kg和5~6mmol/kg的有机酸处理与对照处理间存在显著差异，显著大于对照处理；油葵生长50d时，加入1~2mmol/kg的有机酸处理与对照处理间存在显著差异，显著大于对照处理。

表8-97b　不同生长时间、不同有机酸浓度处理土壤蔗糖酶方差分析结果

生长阶段（d）	有机酸浓度（mmol/kg） 0	1	2	3	4	5	6
20	0.50c	0.52c	0.57bc	0.57bc	0.53c	0.57bc	0.65abc
30	0.50c	0.72abc	0.83a	0.65abc	0.69abc	0.71abc	0.79ab
40	0.50c	0.79ab	0.70abc	0.68abc	0.69abc	0.79ab	0.84a
50	0.50c	0.79ab	0.78ab	0.75abc	0.60abc	0.71abc	0.72abc

对于过氧化氢酶活性分析得出（表8-97c），油葵生长20d时加入不同浓度

有机酸，2～5mmol/kg的有机酸处理与对照处理间存在显著差异，其中5mmol/kg处理下的活性最高，高于对照处理40.98％。油葵生长30d时，4mmol/kg和6mmol/kg有机酸处理的过氧化氢酶活性与对照处理有显著性差异，分别较对照处理增加了49.18％和40.16％。油葵生长40d时，1mmol/kg、3mmol/kg、6mmol/kg处理的过氧化氢酶活性与对照处理有显著性差异，且分别高于对照处理46.72％、37.70％、44.26％。油葵生长50d时，2mmol/kg、3mmol/kg、5mmol/kg、6mmol/kg有机酸处理下过氧化氢酶活性与对照处理均有显著性差异，分别高于对照处理50％、45.08％、36.89％和36.07％。

表8-97c　不同生长时间、不同有机酸浓度处理土壤过氧化氢酶方差分析结果

生长阶段（d）	有机酸浓度（mmol/kg） 0	1	2	3	4	5	6
20	1.22d	1.43abcd	1.67abc	1.72a	1.67abc	1.72a	1.63abcd
30	1.22d	1.48abcd	1.27bcd	1.25cd	1.82a	1.64abcd	1.71a
40	1.22d	1.79a	1.60abcd	1.68ab	1.54abcd	1.54abcd	1.76a
50	1.22d	1.60abcd	1.83a	1.77a	1.59abcd	1.67abc	1.66abc

综上所述，20d和50d加入不同浓度的有机酸，对淀粉酶活性影响较小，30～40d加入不同浓度的有机酸，显著降低淀粉酶的活性；30d时加入2mmol/kg和6mmol/kg的有机酸，40d时加入5～6mmol/kg的有机酸，50d时加入1～2mmol/kg的有机酸能显著增加蔗糖酶的活性；20d加入2～5mmol/kg的有机酸，30d加入4mmol/kg和6mmol/kg的有机酸，40d时加入1mmol/kg、3mmol/kg、6mmol/kg的有机酸，50d时加入2～3mmol/kg和5～6mmol/kg的有机酸能显著增加过氧化氢酶的活性。

（3）有机酸类型与有机酸浓度间交互影响分析。对有机酸类型与浓度这2个影响因素进行方差分析，不同有机酸类型和浓度处理土壤酶活性及5％水平下的差异显著性检验结果见表8-98。不同浓度有机酸处理下，淀粉酶和蔗糖酶活性与对照处理间差异不显著。4mmol/kg和6mmol/kg的草酸，6mmol/kg的乙酸，4mmol/kg和5mmol/kg的柠檬酸处理下过氧化氢酶活性较对照处理显著增加。

表8-98a 不同有机酸类型、不同有机酸浓度处理淀粉酶方差分析结果

有机酸类型 / 有机酸浓度（mmol/kg）	0	1	2	3	4	5	6
草酸	0.21a	0.17a	0.17a	0.17a	0.17a	0.17a	0.18a
乙酸	0.21a	0.18a	0.17a	0.17a	0.17a	0.16a	0.15a
酒石酸	0.21a	0.15a	0.15a	0.15a	0.15a	0.15a	0.15a
苹果酸	0.21a	0.15a	0.15a	0.18a	0.18a	0.18a	0.18a
柠檬酸	0.21a	0.18a	0.18a	0.18a	0.18a	0.18a	0.18a

表8-98b 不同有机酸类型、不同有机酸浓度处理蔗糖酶方差分析结果

有机酸类型 / 有机酸浓度（mmol/kg）	0	1	2	3	4	5	6
草酸	0.50b	0.79ab	0.72ab	0.69ab	0.58ab	0.63ab	0.72ab
乙酸	0.50b	0.59ab	0.57ab	0.58ab	0.68ab	0.75ab	0.72ab
酒石酸	0.50b	0.70ab	0.80ab	0.71ab	0.67ab	0.71ab	0.75ab
苹果酸	0.50b	0.69ab	0.65ab	0.59ab	0.62ab	0.65ab	0.75ab
柠檬酸	0.50b	0.75ab	0.87ab	0.75ab	0.59ab	0.72ab	0.81ab

表8-98c 不同有机酸类型、不同有机酸浓度处理过氧化氢酶方差分析结果

有机酸类型 / 有机酸浓度（mmol/kg）	0	1	2	3	4	5	6
草酸	1.22c	1.69abc	1.53abc	1.50abc	1.83ab	1.69abc	1.80ab
乙酸	1.22c	1.58abc	1.68abc	1.60abc	1.58abc	1.51abc	1.76ab
酒石酸	1.22c	1.56abc	1.62abc	1.72abc	1.72abc	1.68abc	1.65abc
苹果酸	1.22c	1.47abc	1.47abc	1.69abc	1.35bc	1.41bc	1.53abc
柠檬酸	1.22c	1.56abc	1.66abc	1.52abc	1.78ab	1.94a	1.71abc

参考文献

白彦真，谢英荷，张小红，2012. 重金属污染土壤植物修复技术研究进展[J]. 山西农业科学，40（6）：695-697.

曹秋华，普绍苹，徐卫红，等，2006. 根际重金属形态与生物有效性研究进展[J]. 广州环境科学，21（3）：1-4.

曹淑萍，2004. 重金属污染元素在天津土壤剖面中的纵向分布特征[J]. 地质找矿论丛，19（2）：270-274.

常学秀，段昌群，王焕校，2000. 根分泌作用与植物对金属毒害的抗性[J]. 应用生态学报，11（2）：315-320.

陈怀满，郑春荣，涂从，等，1999. 中国土壤重金属污染现状与防治对策[J]. Ambio，28（2）：130-134.

陈建军，俞天明，王碧玲，等，2010. 用TCLP和形态法评估含磷物质修复铅锌矿污染土壤的效果及其影响因素[J]. 环境科学（1）：185-191.

陈剑侠，姜能座，杨冬雪，等，2009. 福建省茶园土壤中重金属的监测与评价[J]. 茶叶科学技术（3）：26-29.

陈静生，洪松，范文宏，等，2001. 各国水体沉积物重金属质量基准的差异及原因分析[J]. 环境科学，20（5）：417-424.

陈俊，范文宏，孙如梦，等，2007. 新河污灌区土壤中重金属的形态分布和生物有效性研究[J]. 环境科学学报，27（5）：831-837.

陈牧霞，地里拜尔·苏力坦，王吉德，2006. 污水灌溉重金属污染研究进展[J]. 干旱地区农业研究，24（2）：200-204.

陈能场，童庆宣，1994. 根际环境在环境科学中的地位[J]. 生态学杂志，13（3）：45-52.

陈苏，孙铁珩，孙丽娜，等，2007. Cd^{2+}、Pb^{2+}在根际和非根际土壤中的吸附—解吸行为[J]. 环境科学，28（4）：843-851.

陈同斌，韦朝阳，2002. As超富集植物蜈蚣草及其对As的富集特征[J]. 科学通报，16（2）：47-51.

陈兴兰，杨成波，2010. 土壤重金属污染、生态效应及植物修复技术[J]. 环境整治，27

（3）：58-62.

陈一萍，2008. 重金属超积累植物的研究进展[J]. 环境科学与管理，33（3）：20.

陈英旭，林琦，陆芳，等，2000. 有机酸对铅、镉植株危害的解毒作用研究[J]. 环境科学学
　　报，20（4）：467-472.

陈英旭，朱祖祥，何增耀，1993. 环境中氧化锰对Cr（Ⅲ）氧化机理的研究[J]. 环境科学学
　　报，13（1）：45-50.

陈有鑑，黄艺，曹军，等，2003. 玉米根际土壤中不同重金属的形态变化[J]. 土壤学报，40
　　（3）：367-373.

陈竹君，周建斌，2001. 污水灌溉在以色列农业中的应用[J]. 农业环境保护，20（6）：
　　462-464.

程先军，高占义，胡亚琼，等，污水资源灌溉利用的有关问题[C]. 节水灌溉论坛会议论文.

崔志强，张宇峰，俞斌，等，2007. 长江三角地区4种典型土壤对Zn吸附—解吸的特性[J]. 南
　　京工业大学学报，3（29）：20-24.

丁永祯，李志安，邹碧，2005. 土壤低分子量有机酸及其生态功能[J]. 土壤，37（3）：
　　243-250.

董开军，1995. 谈谈农田污水灌溉问题[J]. 农业环保（4）：17.

段飞舟，何江，高吉喜，等，2005. 城市污水灌溉对农田土壤环境影响的调查分析[J]. 华中
　　科技大学学报，22（增刊）：181-183.

段俊英，何秀良，戴祥鹏，等，1985. 不同生态条件下芦苇根际微生物及其生物学活性的调
　　查研究[J]. 生态学报（2）：13-16.

樊有赋，陈晔，詹寿发，等，2007. 超积累植物与重金属污染的植物修复技术[J]. 河北农业
　　科学，11（5）：73-75.

封功能，陈爱辉，刘汉文，等，2008. 土壤中重金属污染的植物修复研究进展[J]. 江西农业
　　学报，20（12）：70-73.

冯绍元，齐志明，黄冠华，等，2003. 清、污水灌溉对冬小麦生长发育影响的田间试验研
　　究[J]. 灌溉排水学报，22（3）：11-14.

冯绍元，齐志明，王亚平，2004. 排水条件下饱和土壤中镉运移实验及其数值模拟[J]. 水利
　　学报（10）：1-8.

付红，付强，姜蕊云，等，2002. 水稻污水灌溉技术与应用[J]. 农机化研究（1）：110-112.

郭观林，周启星，2005. 镉在黑土和棕壤中吸附行为比较研究[J]. 应用生态学报，16
　　（12）：2 403-2 408.

郭世荣，2007. 无土栽培学[M]. 北京：中国农业出版社.

胡洁，梁慧锋，2011. 重金属污染土壤的植物修复技术[J]. 广东化工，38（4）：160-161.

黄闰，孟桂元，陈跃进，等，2013. 苎麻对重金属铅耐受性及其修复铅污染土壤潜力研
　　究[J]. 中国农学通报（20）：148-152.

黄苏珍，原海燕，孙延东，等，2008. 有机酸对黄菖蒲镉、铜积累及生理特性的影响[J]. 生

态学杂志，27（7）：1 181-1 186.

黄先飞，秦贩鑫，胡继伟，2008. 重金属污染与化学形态研究进展[J]. 微量元素与健康研究，25（1）：48-51.

黄艺，陈有键，陶澍，2000. 菌根植物根际环境对污染土壤中Cu、Zn、Pb、Cd形态的影响[J]. 应用生态学报，11（3）：431-434.

黄益宗，郝晓伟，雷鸣，等，2013. 重金属污染土壤修复技术及其修复实践[J]. 农业环境科学学报，32（3）：409-417.

贾建丽，于妍，王晨，2012. 环境土壤学[M]. 北京：化学工业出版社. 48.

蒋先军，骆永明，赵其国，等，2003. 镉污染土壤植物修复的EDTA调控机理[J]. 土壤学报，40（2）：205-209.

金勇，付庆灵，郑进，等，2012. 超积累植物修复铜污染土壤的研究现状[J]. 中国农业科技导报，14（4）：93-100.

旷远文，温达志，钟传文，等，2003. 分析分泌物及其在修复中的作用[J]. 植物生态学报，27（5）：709-717.

李宝贵，杜霞，2001. 污水资源化及其农业利用（污灌）[J]. 中国农村水利水电（11）：9-12.

李法虎，黄冠华，丁赟，等，2006. 污灌条件下土壤碱度、石膏施用以及污水过滤处理对水力传导度的影响[J]. 农业工程学报，22（1）：48-52.

李改平，席玉英，刘子川，2002. 太原地区食用蔬菜中有害重金属铅、镉含量的分析研究[J]. 山西农业科学，30（2）：70-72.

李花粉，2000. 根际重金属污染[J]. 中国农业科技导报，2（4）：54-59.

李炬，范瑜，2000. 污灌——城市污水资源化的有效途径[J]. 江苏环境科技，13（3）：30-31.

李恋卿，潘根兴，张平究，等，2001. 太湖地区水稻土颗粒中重金属元素的分布及其对环境变化的响应[J]. 环境科学学报，2（5）：608-612.

李廷强，舒钦红，杨肖娥，2008. 不同程度重金属污染土壤对东南景天根际土壤微生物特征的影响[J]. 浙江大学学报（农业与生命科学版），34（6）：692-698.

李瑛，2003. 镉铅和有机酸对根际土壤中镉铅形态转化及其毒性的影响[D]. 保定：河北农业大学.

李瑛，张桂银，李洪军，等，2004. 有机酸对根际土壤中铅形态及其生物毒性的影响[J]. 生态环境，13（2）：164-166.

李瑛，张桂银，李洁，等，2005. Cd、Pb在根际与非根际土壤中的吸附解吸特点[J]. 生态环境，14（2）：208-210.

李宗利，薛澄泽，1994. 污灌土壤中Pb、Cd形态的研究[J]. 农业环境保护，13（4）：152-157.

梁彦秋，潘伟，刘婷婷，等，2006. 有机酸在修复Cd污染土壤中的作用研究[J]. 环境科学与管理，31（8）：76-78.

廖敏，黄昌勇，2002. 黑麦草生长过程中有机酸对镉毒性的影响[J]. 应用生态学报，13（1）：109-112.

廖敏，黄昌勇，谢正苗，等，1999. pH值对镉在土水系统中的迁移和形态的影响[J]. 环境科学学报，19（1）：81-86.

廖晓勇，陈同斌，阎秀兰，等，2007. 提高植物修复效率的技术途径与强化措施[J]. 环境科学学报，27（6）：881-893.

林奇，2002. 重金属污染土壤植物修复的根际机理[M]. 杭州：浙江大学.

林琦，陈英旭，陈满怀，等，2001. 有机酸对Pb、Cd的土壤化学行为和植株效应的影响[J]. 应用生态学报（5）：619-622.

刘韬，郭淑满，2003. 污水灌溉对沈阳市农田土壤中重金属含量的影响[J]. 环境保护科学，29（117）：51-52.

刘传德，王强，于波，等，2008. 农田土壤重金属污染的特点和治理对策[J]. 农技服务（7）：118-119.

刘丽，1991. 小凌河污水灌溉对水稻作物影响的分析[J]. 辽宁城乡环境科技，19（1）：43-46.

刘润堂，许建中，2002. 我国污水灌溉现状、问题及对策[J]. 中国水利（10）：123-125.

刘霞，刘树庆，2006. 土壤重金属形态分布特征与生物效应的研究进展[J]. 农业环境科学学报，25（增刊）：407-410.

刘晓冰，邢宝山，周克琴，等，2005. 污染土壤植物修复技术及其机理研究[J]. 中国生态农业学报，13（1）：143-151.

刘宇，2014. 重金属污染土壤修复技术及其修复实践[J]. 中国高新技术企业，296（17）：55-56.

刘卓澄，1992. 环境中污染物质及其生物效应研究文集[C]. 北京：科学出版社. 157-164.

龙新宪，倪吾钟，叶正钱，等，2002. 外源有机酸对两种生态型东南景天吸收和积累锌的影响[J]. 植物营养与肥料学报，8（4）：467-472.

楼玉兰，章永松，林咸永，等，2004. 氮肥对污泥农用后土壤中重金属活性的影响[J]. 上海环境科学，23（1）：32-36.

骆永明，1999. 金属污染土壤的植物修复[J]. 土壤，31（5）：261-265.

骆永明，滕应，2006. 中国土壤污染退化状况及防治对策[J]. 土壤，38（5）：505-508.

马义兵，阎龙翔，黄友宝，1992. 外源铜、铅、镉在土壤中的形态分布规律以及碳酸钙的影响机制研究[J]. 农业工程学报，8（2）：56-60.

毛达如，申建波，2007. 植物营养研究方法[M]. 北京：中国农业大学出版社.

孟春香，郭建华，韩宝文，1999. 污水灌溉对作物产量及土壤质量的影响[J]. 河北农业科学，3（2）：15-17.

孟凡乔，巩晓颖，葛建国，等，2004. 污灌对土壤重金属含量的影响及其定量估算[J]. 农业环境科学学报，23（2）：277-280.

孟雷，2003. 污水灌溉对冬小麦根长密度和根系吸水速率分布的影响[J]. 灌溉排水学报

（4）：25-29.

莫争，王春霞，陈琴，等，2002. 重金属Cu、Pb、Zn、Cr、Cd在土壤中形态的分布和转化[J]. 农业环境保护，21（1）：9-12.

能凤娇，刘鸿雁，马莹，等，2013. 根际促生菌在植物修复重金属污染土壤中的应用研究进展[J]. 中国农学通报（5）：187-191.

潘根兴，高建芹，刘世梁，等，1999. 活化率指示苏南土壤环境中重金属污染冲击初探[J]. 南京农业大学学报（2）：46-49.

齐广平，2001. 生活污水灌溉对茄子生长效应的影响[J]. 甘肃农业大学学报，36（3）：329-332.

齐学斌，钱炬炬，樊向阳，等，2006. 污水灌溉国内外研究现状与进展[J]. 中国农村水利水电（1）：13-15.

齐志明，冯绍元，黄冠华，等，2003. 清、污水灌溉对夏玉米生长影响的田间试验研究[J]. 灌溉排水学报，22（2）：36-38.

乔冬梅，2010. 基于黑麦草根系分泌有机酸的铅污染修复机理研究[D]. 北京：中国农业科学院.

乔冬梅，齐学斌，樊向阳，等，2009. 再生水分根交替滴灌对马铃薯根—土系统环境因子的影响研究[J]. 农业环境科学学报，28（11）：2 359-2 367.

乔冬梅，齐学斌，樊向阳，等，2010. 养殖废水灌溉对冬小麦作物—土壤系统影响研究[J]. 灌溉排水学报，29（1）：32-35.

乔冬梅，齐学斌，庞鸿宾，等，2009. 地下水作用下微咸水灌溉对土壤及作物的影响[J]. 农业工程学报，25（1）：55-61.

乔冬梅，樊向阳，樊涛，等，2012. Pb^{2+}胁迫下黑麦草对外源有机酸的响应机制[J]. 水土保持学报，26（2）：261-264.

乔冬梅，庞鸿宾，齐学斌，等，2011. 黑麦草分泌有机酸的生物特性对铅污染修复的影响[J]. 农业工程学报，27（12）：195-199.

屈冉，孟伟，李俊生，等，2008. 土壤重金属污染的植物修复[J]. 生态学杂志，27（4）：626-631.

茹淑华，苏德纯，王激清，2006. 土壤镉污染特征及污染土壤的植物修复技术机理[J]. 中国生态农业学报，14（4）：29-33.

邵志鹏，崔绍荣，苗香雯，等，2002. 利用污水灌溉树木的研究进展[J]. 世界林业研究，15（5）：26-31.

申屠超，2003. 污水灌溉对大白菜金属元素吸收及积累的影响[J]. 浙江农业学报（5）：297-301.

沈德中，2002. 污染环境的生物修复[M]. 北京：化学工业出版社.

时伟宇，李国军，李华，2007. 重金属污染土壤根际环境的调节与植物修复研究进展[J]. 科技情报开发与经济，17（33）：139-140.

宋玉芳，孙铁珩，张丽珊，等，1995. 土壤—植物系统中多环芳烃和重金属的行为研究[J]. 应用生态学报，6（4）：417-422.

宋玉芳，周启星，王新，等，2004. 污灌土壤的生态毒性研究[J]. 农业环境科学学报，23（4）：638-641.

孙冬韦，刘丽，郝滨，等，2001. 孕妇与儿童铅中毒研究进展[J]. 中华妇幼保健，16（6）：386-387.

孙和和，刘鹏，蔡妙珍，等，2008. 外源有机酸对美人蕉耐性和Cr吸收、迁移的影响[J]. 水土保持学报，22（2）：75-78.

孙立波，郭观林，周启星，等，2006. 某污灌区重金属与两种持久性有机污染物（POPs）污染趋势评价[J]. 生态学杂志，25（1）：29-33.

孙琴，王晓蓉，丁士明，2005. 超积累植物吸收重金属的根际效应研究进展[J]. 生态学杂志，24（1）：30-36.

汤叶涛，仇容亮，曾晓雯，等，2005. 一种新的多金属超富集植物——圆锥南芥（Arabis paniculata L.）[J]. 中山大学学报，44（4）：135-136.

童健，1989. 重金属对土壤的污染不容忽视[J]. 环境科学，10（3）：37-38.

万金颖，纪玉琨，巨振海，等，2006. 污水灌溉区土壤重金属的空间分布特征[J]. 环境工程，24（2）：87-88.

万敏，周卫，林葆，2003. 不同镉积累类型小麦根际土壤低分子量有机酸与镉的生物积累[J]. 植物营养与肥料学报，9（3）：331-336.

王大力，1998. 水稻化感作用研究综述[J]. 生态学报，18（3）：326-334.

王贵，程玉霞，孙颖卓，2007. 包头地区土壤重金属形态分布及其环境意义[J]. 阴山学刊，21（3）：38-42.

王贵玲，蔺文静，2003. 污水灌溉对土壤的污染及整治[J]. 农业环境科学学报，22（2）：163-166.

王海慧，郇恒福，罗瑛，等，2009. 土壤重金属污染及植物修复技术[J]. 中国农学通报，25（11）：210-214.

王建林，刘芷宇，1990. 重金属在根际中的化学行为 II 土壤中吸附态铜解吸的根际效应[J]. 应用生态学报（1）：338-343.

王建林，刘芷宇，1991. 重金属在根际中的化学行为 I 土壤中铜吸附的根际效应[J]. 环境科学学报（11）：178-185.

王林，周启星，2008. 农艺措施强化重金属污染土壤的植物修复[J]. 中国生态农业学报，16（3）：772-777.

王庆海，却晓娥，2013. 治理环境污染的绿色植物修复技术[J]. 中国生态农业学报，21（2）：261-266.

王新，周启星，2003. 外源镉铅铜锌在土壤中形态分布特性及改性剂的影响[J]. 农业环境科学学报，22（5）：541-545.

韦朝阳，陈同斌，黄泽春，等，2002. 大叶井口边草———一种新发现的富集砷的植物[J]. 生态学报，22（5）：777-778.

魏巧，李元，祖艳群，2008. 修复重金属污染土壤的超富集植物栽培措施研究进展[J]. 云南农业大学学报，23（1）：103.

温志良，莫大伦，2000. 土壤污染研究现状与趋势[J]. 重庆环境科学，22（3）：55-57.

陈静生，张国梁，穆岚，等，1997. 土壤对六价铬的还原容量初步研究[J]. 环境科学学报，17（3）：334-339.

吴燕玉，王新，梁仁禄，等，1997. 重金属复合污染对土壤—植物系统的生态效应[J]. 应用生态学报，8（5）：545-552.

夏立江，王宏康，2001. 土壤污染及其防治[M]. 上海：华东理工大学出版社.

夏伟立，罗安程，周焱，等，2005. 污水处理后灌溉对蔬菜产量、品质和养分吸收的影响[J]. 科技通报，21（1）：79-83.

谢思琴，顾宗濂，吴留松，1987. 砷、镉、铅对土壤酶活性的影响[J]. 环境科学，8（1）：19-21.

辛国荣，岳朝阳，李雪梅，等，1998. "黑麦草—水稻"草田轮作系统的根际效应Ⅱ. 冬种黑麦草对土壤物理化学性状的影响[J]. 中山大学学报，37（5）：78-82.

徐明岗，1998. 砖红壤和黄棕壤Zn^{2+}吸附特性的研究[J]. 土壤肥料（2）：3-6.

徐明岗，1998. pH值对黄棕壤Cu^{2+}和Zn^{2+}吸附等温线的影响[J]. 土壤通报，29（2）：65-66.

徐卫红，2005. 锌胁迫下不同植物及品种根际效应及锌积累机理研究[M]. 武汉：武汉大学.

徐卫红，王宏信，李文一，2006. 重金属富集植物黑麦草对Zn的响应[J]. 水土保持学报，20（3）：43-46.

徐卫红，王宏信，王正银，等，2006. 重金属富集植物黑麦草对锌—镉复合污染的响应[J]. 中国农学通报，22（6）：365-368.

徐卫红，熊治庭，李文一，等，2005. 4品种黑麦草对重金属Zn的耐性及Zn积累研究[J]. 西南农业大学学报，27（6）：785-790.

徐卫红，熊治庭，王宏信，等，2005. 锌胁迫对重金属富集植物黑麦草养分吸收和锌积累的影响[J]. 水土保持学报，19（4）：32-35.

徐长林，曹致中，贾笃敬，1992. 优良抗寒牧草新品种———甘农一号杂花苜蓿[J]. 中国畜牧杂志（6）：43-44.

许嘉林，杨居荣，1996. 陆地生态系统中的重金属[J]. 北京：中国环境科学出版社.

薛生国，陈英旭，林琦，等，2003. 中国首次发现的锰超积累植物——商陆[J]. 生态报，23（5）：937.

闫晓明，何金柱，苗青松，2004. 污染土壤植物修复技术研究进展[J]. 中国生态农业学报，12（3）：131-133.

杨兵，蓝崇钰，束文圣，2005. 香根草在铅锌尾矿上生长及其对重金属的吸收[J]. 生态学报，25（1）：45-50.

杨红霞, 2002. 大同市污水灌溉对农作物影响的研究[J]. 农业环境与发展（4）: 18-19.

杨红霞, 2002. 大同市污水灌溉对土壤的影响及防治对策[J]. 太原科技（6）: 52-53.

杨继富, 2000. 污水灌溉农业问题与对策[J]. 水资源保护（2）: 4-8.

杨军, 郑袁明, 陈同斌, 等, 2006. 中水灌溉下重金属在土壤中的垂直迁移及其对地下水的污染风险[J]. 地理研究, 25（2）: 449-456.

杨肖娥, 龙新宪, 2002. 东南景天（*Sedum alfredii* H.）——一种新的锌超积累植物[J]. 科学通报, 47（13）: 1 003-1 007.

杨艳, 汪敏, 刘雪云, 等, 2007. 三种有机酸对镉胁迫下油菜生理特性的影响[J]. 安徽师范大学学报, 30（2）: 158-162.

杨中艺, 潘静澜, 1995. "黑麦草—水稻"草田轮作系统的研究 II 意大利黑麦草引进品种在南亚热带地区免耕栽培条件下的生产能力[J]. 草业学报, 4（4）: 46-51.

原海燕, 黄苏珍, 郭智, 等, 2007. 外源有机酸对马蔺幼苗生长、Cd积累及抗氧化酶的影响[J]. 生态环境, 16（4）: 1 079-1 084.

曾德付, 朱维斌, 2004. 我国污水灌溉存在问题和对策探讨[J]. 干旱地区农业研究, 22（4）: 221-224.

曾令芳, 2002. 国外污水灌溉新技术[J]. 节水灌溉（2）: 34-42.

张红梅, 速宝玉, 2004. 土壤及地下水污染研究综述[J]. 灌溉排水学报, 23（3）: 70-74.

张继舟, 王宏韬, 袁磊, 等, 2013. 金属污染土壤的植物修复技术研究[J]. 中国农学通报, 29（14）: 134-139

张敬锁, 李花粉, 衣纯真, 1999. 有机酸对活化土壤中镉和小麦吸收镉的影响[J]. 土壤学报, 36（1）: 61-66.

张磊, 宋凤斌, 2005. 土壤吸附重金属的影响因素研究现状及展望[J]. 土壤通报, 36（4）: 628-631.

张乃明, 李保国, 胡克林, 等, 2003. 污水灌区耕层土壤中铅、镉的空间变异特征[J]. 土壤学报, 40（1）: 151-154.

张素霞, 吕家珑, 杨瑜琪, 等, 2008. 黄土高原不同植被坡地土壤无机磷形态分布研究[J]. 干旱地区农业研究, 26（1）: 29-32.

张增强, 张一平, 全林安, 等, 2000. 镉在土壤中吸持等温线及模拟研究[J]. 西北农业大学学报, 28（5）: 88-93.

张展羽, 吕祝乌, 2004. 污水灌溉农业技术体系探讨[J]. 人民黄河, 26（6）: 21-22.

赵颖, 刘利军, 党晋华, 等, 2013. 污灌区复合污染土壤的植物修复研究[J]. 生态环境学报, 22（7）: 1 208-1 213.

周慧珍, 龚子同, 1996. 土壤空间变异性研究[J]. 土壤学报, 33（3）: 232-241.

周启星, 高拯民, 1995. 沈阳张士污灌区镉循环的分室模型及污染防治对策研究[J]. 环境科学学报, 15（3）: 273-280.

周启星, 宋玉芳, 2004. 污染土壤修复原理与方法[M]. 北京: 科学出版社.

周晓梅，2004. 松嫩平原羊草草地土—草—畜间主要微量元素的研究[D]. 哈尔滨：东北师范大学.

Adriano D C，2001. Trace Elements in Terrestrial Environments[M]. 2nd Edn. Springer，New York.

Ahmad F，Ahmad I，Khan M S，2008. Screening of free-living rhizosphere bacteria for their multiple plant growth promoting activities[J]. Microbiological Research，163（2）：173-181.

Allen Herbert E，Chen Y T，Li Y M，et al，1995. Soil partition coefficient for Cd by column desorption and comparison to Batch adsorption measurements[J]. Environ. Sci. Tech.，29：1 887-1 891.

Anderson T A，Guthrie E A，Walton B T，1993. Bioremediation in the rhizosphere[J]. Environmental Science and Technology，27（13）：2 630-2 636.

Angelova V，Ivanova R，Delibaltova V，et al，2004. Bio-accumulation and distribution of heavy metals in fibre crops（flax，cotton and hemp）[J]. Industrial Crops and Products，19：197-205.

Angelika Filius，Thilo Streak，Jorg Richter，1998. Cadmium sorption and desorption in limed Topsoils as influenced by pH：Isotherms and simulated leaching[J]. J. Environ. Qual.，27：12-18.

Antiochia R，Campanella L，Ghezzi P，et al，2007. The use of vetiver for remediation of heavy metal soil contamination[J]. Analytical and Bioanalytical Chemistry，388（4）：947-956

Bailey L D，1983. Effects of potassium fertilizer and fall harvests on alfalfa grown on the eastern Canadian Prairies[J]. Canadian Journal Soil Science，63：211-219.

Baker A J M，Reeves R D，Hajar A S M，1994. Heavy metal accumulation and tolerance in British populations of the metallophyte *Thlaspi caerulescens*. J. & C. Presl（Brassicaceae）[J]. New Phytologis，127：61-68.

Banuelos G S，Ajwa H A，Mackey B，et al，1997.Evaluation of different plant species used for phytoremediation of high soil selenium[J]. Journai of Environmentai Ouaiity，26（3）：639-646.

Benjamin M M，Leckie J O，1981. Multiple-site adsorption of Cd，Cu，Zn and Pb on amorphous iron oxyhydroxides[J]. Col-loid Interface Sci.，79：209-221

Blaylock M J，Salt D E，Dushenkov S，et al，1997. Enhanced accumulation of Pb in Indian mustard by soil-applied by soil-applied chelating agents[J]. Environmental science & technology，31（3）：860-865.

Bousserrhine N，Gasser U G，Jeanroy E，et al，1999. Bacterial and chemical reductive dissolution of Mn-，Co-，Cr-，and Al-substituted geothites[J]. Geomicrobiology Journal，16（3）：245-258.

Brooks R R，Lee J，Reeves R D，Jaffre T，1977. Detection of nickeliferous rocks by analysis of herbarium specimens of indicator plants[J]. Journal of Geochemical Exploration（7）：49-57.

Brooks R R, Lee J, Reeves R D, et al, 1977. Detection of nickeliferous rocks by analysis of herbarium species of indicator plants[J]. Journal Geochemical Exploration, 7：49-57.

Cao X D, Ma QY, Rhue D R, et al, 2004. Mechanisms of lead, copper, and zinc retention by phosphate rock[J]. Environmental Pollution, 131（3）：435-444.

Cattelan A J, Hartel P G, Fuhrmann J J, 1999. Screening for plantgrowth-promoting rhizobacteria to promote early soybean growth[J]. Soil Science Society of America Journal,（63）：1 670-1 680.

Chamnugathas P, Bollag J M, 1987. Microbial mobilization of cadmium in soil under arcobic and anacrobic conditions[J]. J. Environ. Qual., 16：161-167.

Chaney R L, Malik M, Li YM, et al, 1997. Phytoremediation of soil metals[J]. Current Opinion in Biotechnology, 8（3）：279-284.

Chaney R L, 1983. Plant up take of inorganic waste constituents In：Parr J.F.eds. Land Treatment of Hazardous Wastes[M]. Noyes Data Corporation, Park Ridge, New Jersey, U S A. 50-76.

Chaney R L, Malik M, Li Y M, et al, 1997. Phytoremediation of soil metals[J]. Current Opinion in Biotechnology, 8（3）：279-284.

Chanmugathas P, Bollag J M, 1987. Microbial role in immobilization and subsequent mobilization of cadmium in soil suspensions[J]. Soil Sci. Soc. Am. J., 51：1 184-1 191.

Chen T B, Wei C Y, Huang Z C, et al, 2002. Arsenic hyperaccumulator Pteris vittata L. and its arsenic accumulation[J]. Chin. Sci. Bull., 47（11）：902-905.

Cieslinski G, Van Rees K C J, Szmigielska A M, 1998. Low-molecular-weight organic acids in rhizoaphere soils of durum wheat and their effect on cadmium bioaccumulation[J]. Plant and Soil, 203：109-117.

Claudia Bragato, Hans Brix, Mario Malagoli, 2006.Accumulation of nutrients and heavy metals in *Phragmites australis*（Cav.）Trin. ex Steudel and *Bolboschoenus maritimus*（L.）Palla in a constructed wetland of the Venice lagoon watershed[J]. Environmental Pollution, 144：967-975.

Courchese F, George R G, 1997. Mineralogical variations of bulk and rhizosphere soils from a Norway Spruce Stand[J]. Soil Sci. Sac. Am. J., 61：1 245-1 249.

Cunningham S D, Berti W R, Huang J W, 1995. Phytoremediation of contaminated soils[J]. Trends in Biotechnology, 13（9）：393-397

David E S, Roger C P, Ingrid J P, et al, 1995. Mechanisms of cadmium mobility and accumulation in India mustard[J]. Plant Physiol., 109：1 427-1 433.

Dushenkov S, Vasudev D, 1997. Removal of Uranium from Water Using Terrestrial Plants[J]. Environmental Science and Technology, 31（12）：3 468-3 474.

Dushenkov V, Kumar P B A N, Harry M, et al, 1995. Rhizofiltration: The use of plants to remove heavy metals from agueous stream[J]. Environmental Science and Technology, 29: 1 239-1 245.

Ebbs S D, Kochian L V, 1998. Phytoextraction of zinc by oat (*Avena sativa*), barley (*Hordeum vulgare*), and indian mustard (*Brassica junea*) [J]. Environmental Science Technology, 32: 802-806.

Eriksson J E, 1989. The influence of pH, soil type and time on adsorption and by plants of Cd added to the Soil[J]. Water Airand Soil Pollution, 48: 317-335.

Ernst W H O, 1996. Bilavailability of heavy metals and decontamination of soils by plants[J]. Applied Geochemistry, 11, 163-167.

Escarré J, Lefèbrre G, Gruber W, et al, Zinc and cadmium hyperaccumulation by Thlaspi caerulescens from metalliferous and nonmetalliferous sites in the Mediterranean area: implications for phytoremediation[J]. J. RESEARCH New Phytologist, 145 (3): 429-437.

Feng M H, Shan X Q, Zhang S Z, et al, 2005. A comparison of the rhizosphere-based method with DTPA, EDTA, CaCl$_2$, and NaNO$_3$ extraction methods for prediction of bioavailability of metals in soils to barley[J]. Environmental Pollution, 137: 231-240.

Fernandez S, Seoane S, Merino A, 1999. Plant heavy metal concentrations and soil biological properties in agricultural serpentine soils[J]. Communications in Soil Science and Plant analysis, 30: 1 867-1 884.

Gadd G M, 1999. Fungal production of citric and oxalic acid: importance in metal speciation, physiology and biogeochemical processes[J]. Adv. Microb. Physiol, 41: 47-92.

Gnekov M A, Marschner H, 1989. Roles of VA-mycrorrhiza in growth and mineral nutrition of apple (*Malus pumila* var. *domestica*) stock cuttings[J]. Plant and Soil, 119 (9): 285-293.

Hammer D, Keller C, 2002. Change in the rhizosphere of metal-accumulating plants evidenced by chemical extractant[J]. J. of Environmental Quality, 31 (5): 1 561-1 569.

Hansen D, Duda P J, Zayed A, et al, 1998. Selenium removal by constructed wetlands: role of biological volatilization. Environmental Science and Technology, 32: 591-597.

He Q B, Singh B R, 1994. Crop uptake of cadmium from phosphorus fertilizers: I.Yield and cadmium content[J]. Water, Air, and Soil Pollution, 74 (3): 251-265.

Horiguchi T, 1987. Mechamism of manganese toxicity and tolerance of plant II. Deposition of oxidized mangnese in plant tissues[J]. Soil Sci. Plant. Nutr., 33: 595-606.

Huang J W, 1998. U uptake in *B. chinensis* in relation to exudation of citric acid[J]. Environ. Sci. Technol., 32: 2 004-2 008.

Huang J W, Chen J, Berti W R, et al, 1997. Phytoremediation of lead-contaminated soils: Role of synthetic chelates in lead phytoextraction[J]. Environ. Sci. Technol., 31: 800-805.

Hussain G, Al-Jaloud A, Karimulla S, 1996. Effect of treated effluent irrigation and nitrogen on yield and nitrogen use efficiency of wheat[J]. Agricultural Water Management, 30: 175-184.

James B R, 1996. The challenge of remediation chromium-contaminated soil[J]. Environmental Science & Technology, 30 (6): 248-251.

Keith H, Oades J, Martin J K, 1986. Input of carbon to soil from wheat plants[J]. Soil Biology and Biochemistry, 18 (4): 445-449.

Knight B, Zhao F J, McGrath S P, et al, 1997. Zinc and cadmium uptake by the hyper-accumulator Thlaspi caerulescens in contaminated soils and effects on the concentration and chemical speciation of metals in soil solution[J]. Plant and Soil, 197: 71-78.

Kramer U, 1996. Free histidine as a metal chelator in plants that accumulate nickel[J].Nature, 379: 635-638.

Lasat M M, 2002. Phytoextraction of toxicmetals: a review of biologicalmechanisms[J]. Journal of Environmental Quality, 31: 109-120.

Lasat M M, Baker A J M, Kochian L V, 1996. Physiological characterization of root Zn^{2+} absorption and translocation to shoots in Zn hyperaccumulator and nonaccumulator species of Thlaspi[J]. Plant Physiology, 112: 1 715-1 722.

Lebeau T, Braud A, Jézéquel K, 2008. Performance of bioaugmentation assisted phytoextraction applied to metal contaminated soils: a review[J]. Environ. Pollut., 153 (3): 497-522.

Lena Q Ma, Gade N Rao, 1997. Chemical frectionation of cadmium, copper nickel, and zinc in Contaminated soils[J]. J. Environ. Qual., 26: 259-264.

Ma Y, Prasad M N, Rajkumar M, et al, 2011. Plant growth promoting rhizobacteria and end-ophytes accelerate phytoremediation of metalliferous soils[J]. Biotechnology advances, 29 (2): 248-258.

Ma Y, Rajkumar M, Freitas H, 2009. Isolation and characterization of Ni mobilizing PGPB from serpentine soils and their potential in promoting plant growth and Ni accumulation by Brassica sp[J]. Chemosphere, 75: 719-725.

Manios T, Stentiford E I, Millner P, 2003. Removal of heavy metals from a metaliferous water solution by Typha latifolia plants and sewager sludge compost[J]. Chemosphere, 53: 487-494.

Maiz I, Arambarri I, Garcia R, et al, 2000. Evaluation of Heavy Metal Availability in Polluted Soils by Two Sequential Extraction Procedures Using Factor Analysis[J]. Environmental Pollution, 110: 3-9.

Marques A, Oliveira R, Samardjieva K, et al, 2008. EDDS and EDTA-enhanced zinc accumulation by solanum nigrum inoculated with arbus-cular mycorrhizal fungi grown in contaminated soil[J]. Chemosphere, 70 (6): 1 002-1 014.

Mathialagan T, Viraraghavan T, 2002. Adsorption of Cadmium from aqueous solutions by perlite[J]. Journal of Hazardous Materials, B94: 291-303.

McLaren R G, Swift R S, Williams J G, 1981. The adsorption of copper by soil at low equilibrium solution concentration[J]. J. Soil Sci., 32: 247-256.

Meagher R B, 2000. Phytoremediation of toxic elemental and organic pollutants[J]. Current, Opinion on Plant Biology, 3（2）: 153-162.

Mench M, Martin E, 1991. Mobilization of cadmium and other metals from two soils by root exudates of *Zea mays* L., Nicotiana tabacum L. And Nicotiana rustica L[J]. Plant and Soil, 132: 187-196.

Miguel A P, randir V M, Vera M K, 2002. The physiology and biophysics of an aluminum tolerance mechanism bases on root citrate exudation in maize[J]. Plant Physiology, 129（3）: 1 194-1 206.

Morel J L, Andreux F, Habib L, et al, 1987. Comparison of the adsorption of maize root mucilage and polygalacturonic acid on montmorillonite homoionic to divalent lead and cadmium[J]. Biol. Fertil. Soils, 5: 13-17.

Nicholson F A, Smith S R, Alloway B J, et al, 2006. Quantifying heavy metal inputs to agricultural soils in England and Wales[J]. Water and Environment Journal, 20: 87-95.

Ortega-Larrocea M P, Siebe C, Becard G, et al, 2001. Impact of a century of wasterwater irrigation on the abundance of arbuscular mycorrhizal spores in the soil of the Mlezquital Vally of Mexio[J].Applied Soil Ecology, 16: 149-157.

Pilon S E, 2005. Phytoremediation[J]. Annual review of Plant Biology, 56: 15-39.

Pilon-Smits E, 2005. Phytoremediation[J]. Annual Review of Plant Biology, 56（1）: 15-39.

Pueyo M, Lopex-Sanchez J F, Rauret G, 2004. Assessment of $CaCl_2$, $NaNO_3$ and NH_4NO_3 Extraction Procedures for the Study of Cd, Cu, Pb and Zn Extractability in Contaminated Soils[J]. Analytica Chimica Acta, 504: 217-226.

Ramos L, Hernandez L M, Gonzalez M J, et al, 1994. Sequential frectionation of copper, cadmium and zinc in soils from or near Donana National Park[J]. J. Environ. Qual., 23: 50-57.

Reeves R D, Brooks R R, 1983. Hyperaccumulation of lead and zinc by two metalphytes from a mine area in Central Europe[J]. Environmental Pollution（Series A）, 31（3）: 277-287.

Rother M, Krauss G J, Grass G, et al, 2006. Sulphate assimilation under Cd^{2+} stress in Physcomitrella patens-combined transcript, enzyme and metabolite profiling[J]. Plant Cell and Environment, 29: 1 801-1 811.

Saúl Vázquez, Peter Goldsbrough, 2006. Assessing the relative contributions of phytochelatins and the cell wall to cadmium resistance in white lupin[J]. Physiologia Plantarum, 128: 487-495.

Schindler P W, Liechti P, Westall J C, 1987. Adsorption of copper, cadmium, and lead from aqueous solution to the kaolinite water interface[J]. Netherlands J. Agri. Sci., 35: 219-230

Sébastien Roy, Suzanne Labelle, Punita Mehta, et al, 2005. Phytoremediation of heavy metal and PAH-contaminated brown field sites[J]. Plant and Soil, 272: 277-290.

Selim H M, Buchter B, Hinz C, et al, 1992. Modeling the transport and retention of Cadmium in soils: multireaction and multicomponent approaches[J]. Soil Sci. Soc. Am. J., 56: 1 004-1 015.

Sharma A K, Srivastava P C, 1991. Effect of VAM and zinc application on dry matter and zinc uptake of green gram (*Vigna radiata* L. Wilczek) [J]. Biol. Fertil. Soils, 11 (1) : 52-56.

Shin-ichi, Nakamura, Chieko, et al, 2008. Effect of cadmium on the chemical composition of xylem exudate from oilseed rape plants (*Brassica napus* L.) [J]. Soil Science and Plant Nutrition, 54: 118-127.

Shuman L M, Wilson D O, Duncan R R, et al, 1993. Screening wheat and sorghum cultivars for Aluminum sensitivity at low Aluminum levels[J]. Journal of Plant Nutrition, 16 (12) : 2 383-2 395.

Tessier A, Campbell P G C, Bisson M, 1979. Sequential Extraction Proceduce for the Speciation of ParticulaceTrace Metals[J]. Analytical Chemistry, 51 (7) : 844-851.

Thomas RA P, Beswick A J, Basnakova Q, et al, 2000. Growth of naturally occurring microbial isolates in metal-citrate medium and bioremediation of metal-citrate wastes[J]. J. Chem. Technol. Biotechnol., 75: 187-195.

Wollum A G., 1973. Immobilization of cadmium by soil microoganisms[J]. Environmental and Health Prospective, 4: 105.

Yadav R, Goyal B, Sharma R, et al, 2002. Post-irrigation impact of domestic sewage effluent on composition of soils, crops and groundwater-A case study[J]. Environment International, 28: 481-486.

Youssef R A, Abd E A, Hilal M H, 1987. Studies on the movement on Ni in wheat rhizosphere[J]. Plant Nutr., 9: 695-713.

Zasoski R J, Burau R G, 1988. Sorption and sorptive interaction of cadmium and zinc on hydrous manganese oxide[J]. Soil Sci. Soc. Am. J., 2: 81-87.

Zhang X, Xia H, Li Z, et al, 2010. Potential of four forage grasses in remediation of Cd and Zn contaminated soils[J]. Bioresour. Technol., 101 (6) : 2 063-2 066.

Zheljazkov V D, Craker L E, Xing B, et al, 2006. Effects of Cd, Pb, and Cu on growth and essential oil contents in dill, peppermint, and basil[J]. Environmental and Experimental Botany, 58: 9-16.

Zipper C, Komarneni S, Baker D E, 1988. Specific cadmium sorption in relation to the crystal chemistry of clay aminerals[J]. Soil Sci. Soc. Am. J., 52: 49-53.

Zuzana Fischerová, Pavel Tlustoš, 2006. A comparison of phytoremediation capability of selected plant species for given trace elements[J]. Environmental Pollution, 144: 93-100.